| Data Visualization |

データビジュアライゼーションの教科書

Toshikuni Fuji / *Ryoichi Watanabe*
藤 俊久仁／渡部 良一

はじめに

　黒地に白文字や金のアイコン群というカバーデザインに目をとめて、本書を手に取った方も少なくないのではないでしょうか。
　しかし、もし同じ配色や似たようなデザインで毎日目にするビジネスレポートが制作されていたらどうでしょう？
　なんだか、デザインが騒々しすぎて読む前から疲れてしまいそうです。

　実は、カバーを外すとシンプルな表紙が出てきます。本書の内容も、日常のビジネスシーンでの活用を想定し、「極力無駄な要素を省いてシンプルにわかりやすく」を前提とした内容になっています。

　1960年代に米国海軍で生まれた「KISSの法則」というものがあります。KISSは「Keep it simple, stupid」の略です。あえて和訳は載せませんが、本書で追求するデータビジュアライゼーションの神髄は全てこの言葉に集約されていると思います。

　一見すると、外側（カバー）と内側（表紙や本文）で、言っていることとやっていることが違うようにも見えているかもしれません。しかし、外側と内側ではデザインの目的が決定的に異なります。

　書籍のカバーは、書店でその存在を際立たせるために必要です。そうでないと本書のような技術書は毎日のように新しい書籍が誕生する技術書コーナーで簡単に埋もれてしまいます。
　つまり、書籍の側からアピールをしないと、認知もされず、手に取られることもなく、通り過ぎられてしまいます。認知されなければ何も始まりません。そのためにあえてキャッチーなカバーにしています。

　一方、ビジネスで日常的に活用されるレポート類の場合、読み手は能動的にそのレポートを手にするものです。第一段階としての「認知」は基本的に必要なく、重要なのは効率的かつ効果的に、数値や結果を素早く正確に伝えることです。そのためには余計な要素を排除し、本当に伝えたいことに焦点が当たるように表現することが求められます。これができていないレポートは、

作り手が一所懸命に時間をかけて作っても、実際にはほとんど読まれていなかったり、読んでくれたとしてもイマイチ頭に残りづらく、読み手の時間を浪費していたりします。これでは作り手にとっても読み手にとってもマイナスです。

　データビジュアライゼーションの基本を学び、それをビジネスに自然に適用できるようになれば、見た目は劇的に変わり、きちんと読まれて使われるレポートになります。何より、読み手の時間効率の向上につながるはずです。

　著者の藤と渡部は、会社は違えども共にIT・ビジネス領域のコンサルタントとして10年以上にわたり、様々なデータを取り扱い、分析し、それをレポートしたり、社内外のレポートに数多く触れたりする実績と経験を蓄積してきました。
　その中で学び、日々実務で適用している実践的な知識を凝縮し、デザインセンスがなくても、この一冊で誰でも簡単に、読んだその日から実務に適用できるような書籍に仕上げました。

　本書が、読者の皆さんにとってデータビジュアライゼーションのセオリーを実務に適用する第一歩となることを願っています。さらに、読者の皆さんが作成するチャートを受け取る方々もデータビジュアライゼーションの効果・価値を享受し、ひいては社会全体のデータ活用度合が少しでも向上することに繋がれば、私達筆者にとっても望外の喜びです。

2019年4月
藤　俊久仁、渡部　良一

Contents 目次

はじめに ………………… II

理論編

第1章 データ活用時代の到来

- 1-1 序 ………………… 2
- 1-2 本書の構成と読み方 ………………… 3
- 1-3 高まるデータの価値 ………………… 4
- 1-4 誰もがデータを扱う時代 ………………… 5
- 1-5 比較力 ………………… 6

第2章 データビジュアライゼーションとは

- 2-1 データビジュアライゼーションの目的 ………………… 10
- 2-2 データビジュアライゼーションの効果（グラフから読み取れること）………………… 13
- 2-3 データビジュアライゼーションの類型 ………………… 18

第3章 データビジュアライゼーションに関する定義・研究

- 3-1 データの種類 …… 28
- 3-2 視覚属性とゲシュタルトの法則 …… 34

第4章 データビジュアライゼーションのセオリー

- 4-1 データビジュアライゼーションの用途分類 …… 46
- 4-2 チャートタイプ選択のセオリー …… 49
- 4-3 チャートタイプ一覧 …… 54

実践編

第5章 Hop!『インフォメーションデザイン』の基本のキ

- 5-1 色の基本① 色は強調したい要素に使う …… 76
- 5-2 色の基本② 色の数は少なめに …… 78
- 5-3 色の基本③ 彩度は控えめがオススメ …… 79
- 5-4 色の基本④ 色相違いの2色使いは要注意 …… 80
- 5-5 色の基本⑤ 色使いの矛盾を避ける …… 81
- 5-6 色の基本⑥ 色の持つイメージを意識する …… 82
- 5-7 色の基本⑦ 一つの色に一つの役割 …… 83
- 5-8 色の基本⑧ 誰にでも優しい配色を …… 84
- 5-9 色の基本⑨ 無意味な背景色を使わない …… 86
- 5-10 装飾の基本① 無駄な枠線はつけない - 棒グラフ …… 88

5-11	装飾の基本②	無駄な枠線はつけない - 数表	89
5-12	装飾の基本③	無駄な装飾はしない - 棒グラフ	90
5-13	装飾の基本④	無駄な装飾はしない - 折れ線グラフ	91
5-14	装飾の基本⑤	太過ぎず細過ぎず - 棒グラフ	92
5-15	装飾の基本⑥	太過ぎず細過ぎず - 折れ線グラフ	94
5-16	装飾の基本⑦	目盛り線は控えめに	96
5-17	装飾の基本⑧	ラベルを付け過ぎない	97
5-18	装飾の基本⑨	無駄な装飾排除のステップ	98
5-19	装飾の基本⑩	3Dチャートは使わない - その1	100
5-20	装飾の基本⑪	3Dチャートは使わない - その2	102
5-21	棒グラフの基本①	量の比較は棒グラフ	104
5-22	棒グラフの基本②	軸は必ずゼロスタート	105
5-23	棒グラフの基本③	比較本数は増やし過ぎない	106
5-24	棒グラフの基本④	並び順に意味を持たせる	108
5-25	折れ線グラフの基本①	トレンド把握は折れ線グラフ	110
5-26	折れ線グラフの基本②	軸はカットしてもOK	111
5-27	折れ線グラフの基本③	上下に余白を持つ	112
5-28	数表の基本①	並び順を常に意識する	114
5-29	数表の基本②	数値は桁を合わせて右揃え	115
5-30	数表の基本③	数値の比較は横より縦で	116
5-31	チャート選択の基本①	横向きテキストは読みづらい	118
5-32	チャート選択の基本②	連続性がなければ折れ線NG	120
5-33	チャート選択の基本③	数表でトレンドは見えない	121
5-34	チャート選択の基本④	円グラフは精緻な比較に不適	122
5-35	チャート選択の基本⑤	円の大きさで量の比較は困難	124
5-36	チャート選択の基本⑥	構成比もトレンドは折れ線で	126

| 5-37 | チャート選択の基本⑦ | 適切なチャート選択のステップ | 128 |

第6章 Step! 違いを生むテクニック

6-1	見やすさアップのコツ①	凡例の位置に気を遣う	132
6-2	見やすさアップのコツ②	目盛は自然な間隔に	134
6-3	見やすさアップのコツ③	時間軸は横軸が基本	135
6-4	見やすさアップのコツ④	補助線を活用する	136
6-5	見やすさアップのコツ⑤	傾向線を活用する	137
6-6	誤認回避の技術①	グラフとラベルの不一致回避	138
6-7	誤認回避の技術②	二軸表示は分かりにくい	140
6-8	誤認回避の技術③	同じ軸を二軸にしない	142
6-9	誤認回避の技術④	マイナスは下向きが自然	143
6-10	誤認回避の技術⑤	データ欠損は分かりやすく	144
6-11	多様なチャートと使い方①	積上げ棒の強調要素は最下部	146
6-12	多様なチャートと使い方②	シェアは目的を明確に	148
6-13	多様なチャートと使い方③	二指標の関係性は散布図で	150
6-14	多様なチャートと使い方④	散布図は横軸原因・縦軸結果	151
6-15	多様なチャートと使い方⑤	点の重なりは透過性で解消	152
6-16	多様なチャートと使い方⑥	多次元散布図は分かりにくい	153
6-17	多様なチャートと使い方⑦	ブレットチャートを有効活用	154
6-18	多様なチャートと使い方⑧	円よりもドーナツがオススメ	155
6-19	多様なチャートと使い方⑨	面グラフでトレンドと量の両立	156
6-20	多様なチャートと使い方⑩	面グラフを並べて比較する	157
6-21	多様なチャートと使い方⑪	ハイライトテーブルで直感的に	158
6-22	魅せる実践テクニック①	調査データ視覚化 - その1	160

6-23	魅せる実践テクニック②	調査データ視覚化 - その2 …………… 161
6-24	魅せる実践テクニック③	調査データ視覚化のステップ …………… 162
6-25	魅せる実践テクニック④	基準点を合わせて比較 - その1 …………… 164
6-26	魅せる実践テクニック⑤	基準点を合わせて比較 - その2 …………… 165

第7章 Jump! BIツールで差をつける

7-1	BI活用法①	マップを有効活用 …………… 168
7-2	BI活用法②	スクロールは極力出さない …………… 169
7-3	BI活用法③	フィルタを乱用しない …………… 170
Column	データビジュアライゼーション力の高め方 …………… 171
7-4	BI活用法④	ドリルダウン機能を活かす …………… 172
7-5	BI活用法⑤	スパゲッティチャート解消法 …………… 174
7-6	BI活用法⑥	組み合わせで課題解決 - スパゲッティチャート編 …………… 176
7-7	BI活用法⑦	組み合わせで課題解決 - トレンドと量の両立編 …………… 177
7-8	BI活用法⑧	組み合わせで課題解決 - 比率と量の両立編 …………… 178
7-9	BI活用法⑨	ダッシュボードもKISSの法則 …………… 180

おわりに／謝辞 …………… 182

理論編

第1章

データ活用時代の到来

データの価値の高まりを受け、ビジネスにおいて一人ひとりがデータを活用して判断・意思決定する時代（データ活用時代）が到来しています。そのような中、データリテラシー（データにまつわる教養的知識）の一つとして、データビジュアライゼーションの重要性が増してきています。

1-1 序

データビジュアライゼーションとは？

　データビジュアライゼーション（Data Visualization）とは、**文字と数字で表されるデータを、チャートを用いて表現すること**です。

　データビジュアライゼーションは、「データ視覚化」とも言い換えられます。「視覚化」の類義語として、「可視化」がありますが、可視化が「見えないものを見えるようにする」ことであるのに対して、視覚化は「ただ見えるようにするだけでなく、その内容や意味をより分かりやすく・理解しやすくする」という高次元の概念として使用しています。

　したがって、アートとサイエンスの両面が密接に関わっており、グラフィックデザイン・視覚認知学・コンピュータサイエンス・統計学といった多岐にわたる分野が関連する、大変奥深い領域です。追って詳述しますが、データビジュアライゼーションの目的はコミュニケーションであり、相手に対する情報伝達効率を上げる追求活動は、クラフトマンシップ（職人技・熟練された技巧）に通じると、私達は考えています。

 チャートには、グラフと数表が含まれます。

　一方で、Microsoft Excelなどの表計算ソフトやTableau（タブロー）などのBIツールでチャートを作成することがとても身近・手軽になったことを受けて、情報伝達の効率性や正確性に配慮されていない、「悪い」あるいは「残念な」データビジュアライゼーションの例が散見されるようになっています。せっかく手間暇かけて作成したチャートが載った資料が「分かりづらい」と読み手を不快にさせていたら……、あるいは読み手を誤った判断に導いていたら……。このようなことが横行するのは、大きな社会的損失です。

本書の狙い

　私達は、このような問題認識の下に、主にビジネスパーソンや学生を対象として、データビジュアライゼーションの本質とセオリーを、予備知識がないことを前提に極力平易な言葉で解説しています。さらに、豊富なBefore & After（改善余地のあるチャートと改善後の対比の例）を通じて、データビジュアライゼーションのテクニックをすぐに実務に適用してもらえるように構成しています。

1-2　本書の構成と読み方

　本書の目次構成は以下の通りです（**第1章**から**第4章**を理論編、**第5章**から**第7章**を実践編とします）。

- **第1章：データ活用時代の到来**
  - 1-1：序
  - 1-2：本書の構成と読み方
  - 1-3：高まるデータの価値
  - 1-4：誰もがデータを扱う時代
  - 1-5：比較力

- **第2章：データビジュアライゼーションとは**
  - 2-1：データビジュアライゼーションの目的
  - 2-2：データビジュアライゼーションの効果（グラフから読み取れること）
  - 2-3：データビジュアライゼーションの類型

- **第3章：データビジュアライゼーションに関する定義・研究**
  - 3-1：データの種類
  - 3-2：視覚属性とゲシュタルトの法則

- 第4章：データビジュアライゼーションのセオリー
  - 4-1：データビジュアライゼーションの用途分類
  - 4-2：チャートタイプ選択のセオリー
  - 4-3：チャートタイプ一覧

- 第5章：Hop! 『インフォメーションデザイン』の基本のキ
- 第6章：Step! 違いを生むテクニック
- 第7章：Jump! BIツールで差をつける

　最初から章立て通りに通読することで、データビジュアライゼーションについて一通りの基礎知識を得たうえで、**第5章-第7章**の豊富な実践例に触れることができます。

　一方で、**第5章-第7章**を先に読んでから**第1章**に戻ってくるのも構いません。また、あえて順番通りに通読せず、テクニック集や辞書的に使っていただいても構いません。

1-3 高まるデータの価値

データの「活用」＝ビジュアライゼーション

　「データは新しい時代の石油である」というフレーズが、2016年辺りから日本のメディアでも盛んに取り上げられるようになりました。石油は、有益な資源の代表例です。このフレーズは、それまで「データそのものに価値がある」という視点がなかった社会に対して、「データを活用して、経済効果を上げることができる」「データ活用の巧拙が、企業の競争力を左右する」という共通認識を形成するきっかけとなりました。

　ここでデータ**活用**と強調しているのは、石油が精製・加工を経て様々な製品に生まれ変わって初めて有用であるのと同じように、データも整備・加工され、そこから人間が何らかの洞察・知見を得られて初めて有用であるためです。また、石油は有限で枯渇傾向であるのに対して、

データは日々その生産量が爆発的に増えており、この傾向は今後さらに加速するでしょう。だからこそ、データそのものに希少性はあまりなく、データをどんな目的のためにどのように活用するかのアイディア・仕組み作りが、一層重要になってきます。

実際に、世界の企業株式時価総額の上位を占めているGAFA（Google / Amazon / Facebook / Apple）に共通しているのは、圧倒的な規模でデータを収集・生成し、それを高速・高度に分析・活用し、サービスの向上に繋げていることです。皆さんもAmazonの商品リコメンドやFacebookの表示広告が自分の興味関心に合っていると感じ、ついついクリックしたことがあるでしょう。

このような、**データ活用社会**とも言える昨今および今後において、データ活用における一つの重要な領域が、データビジュアライゼーションです。

1-4　誰もがデータを扱う時代

データリテラシーの必要性

日常的にチャートを作成・活用してデータ分析を行う職業といえば、以前は科学者や統計学者くらいのものでした。しかし、昨今ではそれがあらゆる職業に広がっており、データ（主に集計された数値情報）を用いた説明・報告は、組織の中で日常的に行われるようになっています。ビジネスにおいて、一人ひとりがデータを活用して判断・意思決定する時代（データ活用時代）に入ったと言えるでしょう。

しかし、ほとんどの人は必要に迫られてデータに接する・データを扱うようになっただけで、データを用いた説明・報告のセオリーや効果的な手法を体系的に学んでいるわけではありません。また、このような説明・報告を受け取る側も、チャートとして表された集計後の数値情報をどのように読み解いて解釈するかに慣れていないのが実態です。データ活用時代に突入してもなお、データにまつわる教養的知識、いわゆる**データリテラシー**を身に付ける手段・学習情報源

が少なく、データリテラシーを身に付けていない者同士がデータを用いてコミュニケーションしようとしていることは、日本において社会的な課題であると筆者は捉えています。

1980年代に遡る「データビジュアライゼーション」

　この分野は欧米が大きく先行しており、**Data Visualization**という概念は1980年代から提唱されており、すでに一つの研究領域として浸透していると言えます。また、本書籍執筆時点（2019年初頭）でAmazon.comにおいて「Data Visualization」と検索すると、2,000以上の書籍がヒットするなど、学習材料も豊富に手に入ります（ちなみに、同様にAmazon.co.jpで「データビジュアライゼーション」と検索すると25の書籍しかヒットせず、しかもそのうち約2/3が洋書の翻訳です）。

　これは、日本企業の意思決定が伝統的にKKD（勘・経験・度胸）に依るところが大きかったことと、売上金額などを組織内で報告する場合もチャートではなく数表を用いる文化が根強いことが影響していると推察しています。

　次節以降で詳しく触れる通り、データビジュアライゼーションの知識やセオリーを実務に適用することで、データを用いたコミュニケーション・意思決定がより正確で効果的になります。本書を通じてデータリテラシーを身に付けた読者の皆さんには、日本の企業・組織のデータビジュアライゼーションの取組をぜひ牽引していただきたいと考えています。

1-5　比較力

数値情報に意味を与えるのは比較

　データリテラシーの一要素であると前節で言及した「数値情報から意味を読み取る力」とはいったい何でしょうか。一言で表すと、それは**比較力**です。

　数値情報は、何かと比較しなければ、その良し悪しはわかりません。例えば、あなたの会社の今年度の売上が1,127億円だったとします。これは良いでしょうか、それとも悪いでしょうか？

単独では、何とも判断がつかないでしょう（もし、直感的に「良い」と判断しているのであれば、それは読者の皆さんが、無意識に「上場企業の平均売上」などといった比較対象の数値を思い浮かべて比較しているからであるはずです）。

これに、競合他社の今年度の売上が1,209億円だったという情報を加えて比較すれば、「競合他社より売上が82億円低い」と解釈でき、悪いと判断できるかもしれません。自社の前年度の売上が917億円だったという情報を加えて比較すると、「前年度より23%伸びている」と解釈でき、良いと判断できるかもしれません。ここで、市場全体の今年度の売上成長率が30%であるという新たな情報を加味すれば、「当社の売上成長率（23%）は、市場全体の売上成長率（30%）よりは低い」と解釈でき、やはり悪いと判断できるかもしれません。

図1-1 データから意味を読み取る

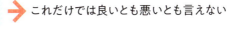

自社の今年度売上：1127億円 → これだけでは良いとも悪いとも言えない

比較① 他社の今年度売上：1209億円　他社より低いため、悪いと判断できる

比較② 自社の前年度売上：917億円　前年度よりは高い（売上成長率23%）ため、良いと判断できる

比較③ 市場全体の売上成長率：30%　自社の売上成長率は市場全体より低いため、悪いと判断できる

このように、数値情報は、何かと比較して初めて意味合いが生まれます。この例のように、多面的な比較を複数回に渡って繰り返すと、**ストーリー**が生まれるとも言えます。数値情報の活用を突き詰めると、いかに意味合いを見出しやすい（意味合いが伝わりやすい）比較表現ができるか、が本質であると言えるでしょう。

第1章では、データの価値が高まっており、一般の学生やビジネスパーソン誰もがデータを扱うデータ活用時代に入っていることに触れました。続く**第2章**では、いよいよ本書の主題であるデータビジュアライゼーションについて解説していきます。

理論編

第 2 章

データビジュアライゼーションとは

本章では、その目的・効果・類型について解説することを通じて、
データビジュアライゼーションに対する理解を深めていきます。

2-1 データビジュアライゼーションの目的

目的はコミュニケーション

　データビジュアライゼーションの目的は、**コミュニケーション**（情報伝達・対話）です。
　データから読み取れる事実・発見を、いかに理解しやすい形式で相手に伝えるかが重要です。ここで「相手」と表現している中には、「自分自身」も含まれます。データと自分自身がコミュニケーションしながら、思考したり探索したりすることも、データビジュアライゼーションの目的の一つです。

　自分と相手の間で共有されているコミュニケーションを成立させるための情報を**コンテキスト**（背景・文脈・共通認識）と呼びます。例えば「アマゾンは偉大だ」と言った時に、それが「河川のアマゾン」を示すのか、「企業のアマゾン」を示すのかは、コンテキストに依存します。あるいは、赤い色を見せた時に、それが直感的に良いと捉えられるか悪いと捉えられるかも、コンテキストに依存します。このように、人間同士は、言語を通じてコミュニケーションしている中でも、お互いの文化・生活背景等から形成されたコンテキストを活用し、実は多くの定義や説明を省略しながら意思疎通しています。

　さらに、コミュニケーションの本質的な目的は、相手が認知・理解していなかった情報・事実を伝達して、相手の**判断と行動を促すこと・変えること**です。このため、相手が持っているであろうコンテキストを考慮・補足しながら、相手に行ってもらいたい判断と行動を促進するために、最も適するデータビジュアライゼーションは何であるかを、その都度考え工夫していくことが求められます。

| 図 2-1 | 目的はコミュニケーション |

　このことは、日本人にとっての英会話に例えられます。データビジュアライゼーションは、英会話における**文法や発音**です。文法や発音の確からしさを気にするあまり発言をためらっていては、相手に何も伝えられません。ですから、データビジュアライゼーションの完成度にこだわり過ぎて、データを用いた発信をためらわないでください。あくまで目的はコミュニケーションであり、データビジュアライゼーションはその手段にすぎません。重要なのは伝えたいことの**内容**そのものであり、**表現形式**に過度にとらわれる必要はありません。しかし、文法がでたらめで発音が聞きづらければ、相手に**正しい情報**を伝えることはできません。同様にデータビジュアライゼーションについても、セオリーを覚えて適切に使えば着実に相手に伝わりやすくなるはずです。

シグナルを最大化し、ノイズを最小化する

　また、相手が一度に処理できる情報量には限界があるわけですから、情報伝達の**効率性**も重要になってきます。ここで効率性と言っているのは、相手がより多くの情報・事実・アイディアを、より少ない時間・スペース・脳の労力で伝達できるか（理解・納得してもらうか）ということです。データビジュアライゼーションの過程で、生のデータは形・見た目が変わります。そこには、何らかの**デザイン**を伴います。このデザインによって、データが持つ元来の意味が、相手にとってより伝わりやすくなる効果（ここでは**シグナル**と呼びます）が生まれると同時に、データが持つ元来の意味ではないものが相手に伝わってしまう効果（ここでは**ノイズ**と呼びます）も生まれます。

| 図 2-2 | シグナル最大化・ノイズ最小化 |

| シグナル | データが持つ元来の意味が、より相手にとって伝わりやすくなる効果 |

| ノイズ | データが持つ元来の意味ではないものが相手に伝わってしまう効果 |

シグナルを最大化し、ノイズを最小化するデータのデザインを
追求するのが本書の目的

「データインクレシオ」で考える

　データビジュアライゼーションの権威的存在であるEdward Tufte（エドワード・タフテ）氏が提唱している概念に、「**データインクレシオ**」（Data-ink ratio）があります。チャート表現において、データそのものを表す部分（例えば棒グラフの棒の部分）を「**データインク**」、それ以外を表す部分（例えばグラフの枠線や軸の補助線といった部分）を「**ノン・データインク**」（Non-Data-ink）と呼びます。データインクレシオはその比率ですから、計算式としては「データインクレシオ＝データインク ／（データインク＋ノン・データインク）」となります。余計な装飾を削ぎ落としてチャートをシンプルにすればするほど、ノイズが減りシグナルが高まり、データビジュアライゼーションとして良いデザインとなる、というのが基本的な考え方です。

図 2-3　データインクレシオ

| データインク | 表したいデータそのものに使われるインクの量 |

| ノン・データインク | 背景や軸補助線など、表したいデータ以外に使わるインクの量 |

データインクレシオ ＝ データインク / (データインク＋ノン・データインク)

余計な装飾にばかりインクが使われ、
データインクレシオが低い例

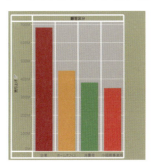

余計な装飾を削ぎ落とし、データインクレシオが
高くなった例（左と同じデータ）

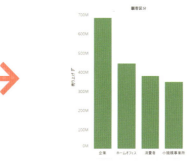

つまり、「データビジュアライゼーションにおいて、シグナルを最大化し・ノイズを最小化するデザインを追求することにより、データを用いたコミュニケーションの向上を図る」ということが本書のテーマであると言えます。

2-2　データビジュアライゼーションの効果（グラフから読み取れること）

「グラフから、いかに多くの情報を読み取れるか」を、実例を用いて解説します。
　ここでは、特徴の大きく異なる①棒グラフ、②折れ線グラフ、③散布図の三種を挙げます。

① 棒グラフ

まず、以下のクロス集計表を見てください。サブカテゴリ（行）毎・地域（列）毎に利益と売上が集計されています。表の中には80のセルがあり、別々の集計値が表示されています。この中から、利益が出ていないサブカテゴリを一目で特定することができるでしょうか。また、売上が全体的に少ない地域を一目で特定することができるでしょうか。

■ クロス集計表（棒グラフのデータ）

商品サブカテゴリ別・地域別の売上・利益

サブカテゴリ		九州・四国・…	関西地方	中部地方	関東地方	北海道・東北
椅子	利益	2,540,061	1,839,661	1,107,404	1,330,958	201,016
	配送料	9,218,679	7,492,441	5,711,270	6,618,032	2,317,854
コピー機	利益	1,686,005	1,268,973	740,358	840,967	381,164
	配送料	8,484,761	6,977,733	6,696,718	4,960,361	2,612,336
本棚	利益	1,126,818	1,690,222	621,216	1,300,874	137,085
	配送料	6,502,118	7,484,724	5,873,612	7,048,110	2,226,119
電話機	利益	411,877	455,248	-52,847	16,724	30,674
	配送料	6,053,521	6,859,227	4,432,107	6,760,709	3,610,445
テーブル	利益	-212,789	-532,935	-1,477,440	-330,882	-626,847
	配送料	3,072,471	4,304,024	2,707,681	2,734,190	1,101,421
付属品	利益	716,234	741,390	404,536	282,973	85,787
	配送料	4,122,766	3,290,792	2,240,588	2,748,295	1,434,281
事務機器	利益	397,466	788,779	-266,182	500,942	71,563
	配送料	2,253,748	3,117,895	1,925,162	2,728,214	977,895
家具	利益	258,165	337,262	166,712	219,122	33,628
	配送料	1,516,317	1,816,254	1,324,770	1,312,138	784,774

クロス集計表は、1円単位まで金額を知りたいような場合には適していますが、一目で傾向を把握することには適していないことがわかるかと思います。

次に、棒グラフの例です。縦軸に商品サブカテゴリ、横軸に地域を配置し、売上の大きさを棒グラフの長さ、利益の大きさを棒グラフの色のグラデーションで表現しています。

> **Note** 以下の通り、青色が濃ければ濃いほど利益が大きくプラスで、ゼロを境にオレンジ色が濃ければ濃いほど利益が大きくマイナスと読み取れます。

■ 利益のグラデーション色凡例

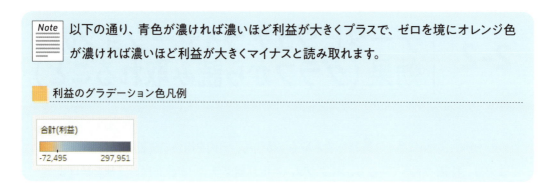

合計(利益)
-72,495　　297,951

■ 棒グラフの例

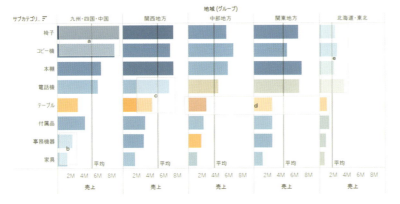

一目見て読み取れることは以下の通りです。

- a. 売上上位のサブカテゴリ
- b. 売上下位のサブカテゴリ（が上位に対して何分の一程度の売上か）
- c. 地域平均からの乖離（平均以上か・以下か、差はどの程度か）
- d. 利益マイナスのサブカテゴリ
- e. 地域特性（北海道・東北における電話機の売上は、他のサブカテゴリに比べて大きい）

クロス集計表と比べて、棒グラフの方がいかに多くのことが一目で読み取れるかを実感できたでしょう。これがデータビジュアライゼーションの効果です。

②折れ線グラフ

同様に、以下のクロス集計表を見てください。顧客区分（行）毎・年月（列）毎に売上が集計されています。この中から、顧客区分毎の売上順位の変遷やもっとも売上が大きかった年月を一目で特定することができるでしょうか。

クロス集計表（折れ線グラフのデータ）

年間売上推移

顧客区分	1月	2月	3月	4月	5月	6月	7月	8月	9月	10月	11月	12月
小規模事業所	24,961	28,162	-2,622	-23,194	181,288	174,965	4,719	11,103	85,412	116,457	199,256	103,011
消費者	130,194	342,150	337,681	244,776	512,341	747,430	334,891	488,616	316,646	280,845	454,182	341,386
大企業	120,819	143,873	196,880	5,003	188,241	17,439	165,486	342,721	176,459	379,558	60,833	178,582

（オーダー日 2017）

次に、折れ線グラフの例です。横軸に年月を配置し、顧客区分別に線の色を分けて表現しています（消費者：オレンジ、大規模事業所：青、大企業：赤）。

折れ線グラフの例

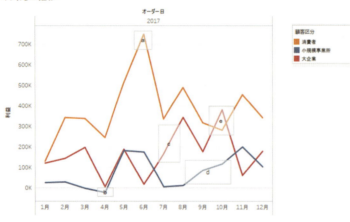

年間売上推移

一目見て読み取れることは以下の通りです。

◆ a. 最大の売上（の年月と顧客区分）
◆ b. 最小の売上（の年月と顧客区分）
◆ c. 急な売上増加傾向
◆ d. ゆるやかな売上増加傾向
◆ e. 売上首位交代

③散布図

同様に、以下のクロス集計表を見てください。この中から、配送料が最大の顧客・利益が最大の顧客をそれぞれ特定できるでしょうか（データ全体は202行あるため、紙面の都合上、一部のみしか表示していないため、実質不可能ですが）。

■ クロス集計表（散布図のデータ）

相関分析

顧客名		
安尾 桜	利益	-33,910
	配送料	51,120
井ノ口 誠	利益	6,692
	配送料	37,212
井藤 修	利益	4,780
	配送料	9,760
礒辺 昭夫	利益	-34,259
	配送料	51,643
稲冨 結菜	利益	25,446
	配送料	108,156
臼井 大樹	利益	-3,798
	配送料	5,952
浦本 真	利益	98,260
	配送料	348,686
永瀬 凛	利益	119,701
	配送料	262,926
塩浦 翼	利益	-1,640
	配送料	10,920
横町 翼	利益	-3,456
	配送料	5,438
岡井 葵	利益	11,328
	配送料	110,226

次に散布図の例です。横軸に配送料を配置し、縦軸に利益を配置して、顧客ごとに円（ドット）を表示しています。

■ 散布図

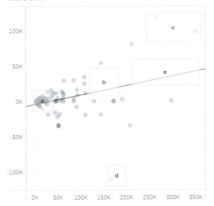

| 2-2 | データビジュアライゼーションの効果（グラフから読み取れること）　17

一目見て読み取れることは以下の通りです。

- a. 顧客が密集している領域
- b. 顧客が存在していない領域
- c. 配送料最大・利益最大の顧客
- d. 外れ値（の可能性がある顧客）
- e. 二指標の相関度合

このように、グラフを使用することで、同じデータから読み取れることが飛躍的に多くなる、また、読み取れるまでの時間が劇的に短くなることが実感できたかと思います。

2-3 データビジュアライゼーションの類型

　データビジュアライゼーションは、特に日本においては確立された学問・研究領域ではないため、言葉の定義や類型について確固とした共通認識がまだ持たれていない段階です。
　そこで本書では、次の通り定義・類型化することにより、活用の目的や場面を明確にします。
　なお、類似の用語として「インフォグラフィクス」がありますが、データビジュアライゼーションの一部であり、後述する事実説明型と主張説得型に及ぶ範囲と捉えています。

インフォメーションデザインとデータアートの違い

　まず、データビジュアライゼーションの目的が、（自分を含めた）組織や相手の課題解決であるものをインフォメーションデザイン、自分の主張伝達であるものをデータアートと分類します。

図 2-4 データビジュアライゼーションの類型

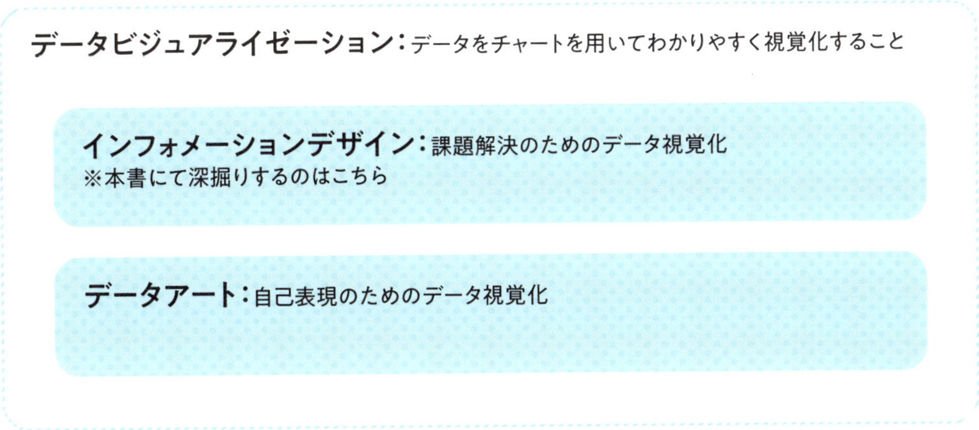

データビジュアライゼーション：データをチャートを用いてわかりやすく視覚化すること

- **インフォメーションデザイン**：課題解決のためのデータ視覚化
  ※本書にて深掘りするのはこちら

- **データアート**：自己表現のためのデータ視覚化

　さらに、インフォメーションデザインは、まだ事実と確かめられていない仮説を扱う「仮説検証型」と「仮説探索型」、事実を扱う「事実報告型」と「事実説明型」に分けられます。
　データアートは、自分の主張を読み手に理解・納得させようとする「主張説得型」と、読み手を特に想定せず自己表現に重きを置く「主張表現型」に分けられます。

図 2-5 「事実」と「主張」による分類

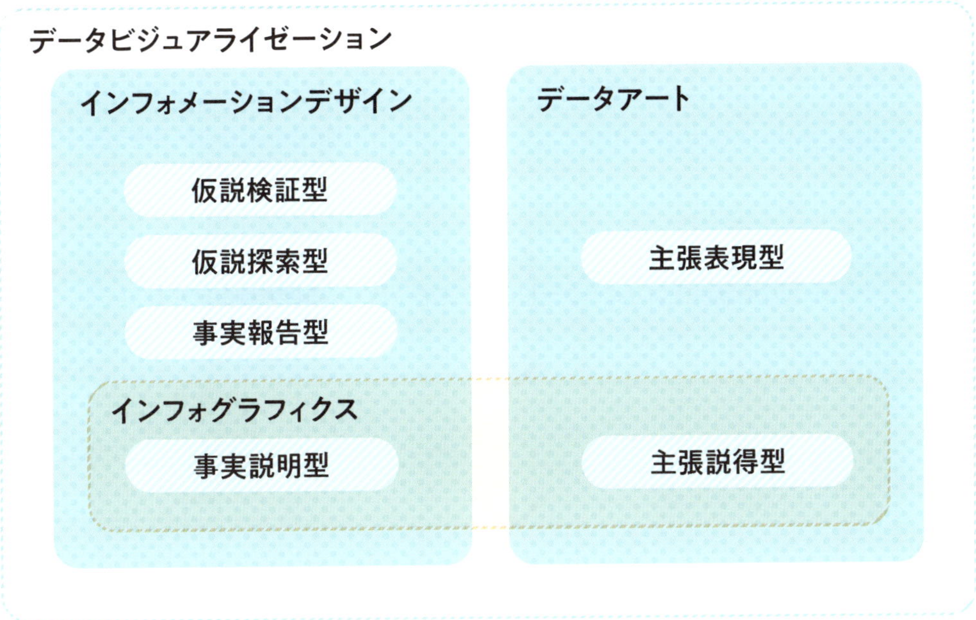

データビジュアライゼーション

- **インフォメーションデザイン**
  - 仮説検証型
  - 仮説探索型
  - 事実報告型
  - **インフォグラフィクス**
    - 事実説明型

- **データアート**
  - 主張表現型
  - **インフォグラフィクス**
    - 主張説得型

本書では、データビジュアライゼーションの目的は、コミュニケーション（情報伝達・対話）であり、データから読み取れる事実・発見を、いかに理解しやすい形式で相手に伝えるかが重要であるという立場をとっていますので、次章以降ではインフォメーションデザインに限定して、効率的・有用な表現方法を解説していきます。

インフォメーションデザインの分類

　インフォメーションデザインは、（自分を含めた）組織や相手の課題解決を目的として、データが持つ本来の意味（データで表現される事実）を正確かつ効果的に伝達するためにデータを視覚化する手法の総称です。前ページの**図2-5**で見たように、4つに分類されます。

● 仮説検証型

　「○○は△△であるだろう（あるのではないか）」という仮説を、データを使って検証し、事実かどうかを裏付けるための視覚化です。

　例えば「当社の売上の半分以上はリピーターによって占められているのではないか」という仮説があった場合、顧客を新規顧客かリピーターに分類するフラグ・属性があり、その属性ごとに売上を集計してどちらが大きいかを視覚化すれば、仮説が正しいか（事実かどうか）はデータで裏付けられます。このように、事前にデータによって裏付けたい仮説が視覚化の基点となっているのが、仮説検証型の特徴です。

図2-6 仮説検証型データビジュアライゼーション

◉ 仮説探索型

　データ視覚化の始まり時点には特に仮説はなく、データ視覚化の行為そのものを通じて仮説を立案します。

　例えば、製品カテゴリごとの売上データを時系列で視覚化した時に、売上が増えている製品カテゴリと売上が減っている製品カテゴリがあることに気付き、その売上が減っている製品カテゴリの共通の特徴から「消費者向けの製品カテゴリは法人向けの製品カテゴリに比べて苦戦しているのではないか」という仮説を立案することができます。

図 2-7　仮説探索型データビジュアライゼーション

仮説探索型

漠然とした目的・疑問
（例：売上を伸ばすためにデータから何かわかることはないだろうか？）

↓

データ視覚化

↓

データから仮説を立案
（例：消費者向けの製品カテゴリを改善させれば売上が伸びるのではないか？）

● 事実報告型

　事業運営上、定点的に確認（モニタリング）すべき指標値を定型フォーマットで報告するためのデータ視覚化です。

　例えば、経営層向けの経営管理ダッシュボードでは、売上・利益・客数・クレーム発生件数といった重要な指標値を、週次や月次といった定期的な頻度で最新化して確認します。

　事実報告型のデータ視覚化では、指標値も指標値を分解する軸（製品別・部門別等）もほぼ固定されているため、使用するグラフ表現や配置レイアウトなど、同じ画面構成で数値の中味のみ差し替えることが一般的です（このようなレポートは、スコアカードやKPIダッシュボードと呼ばれることがあります）。

　着眼・深掘するポイント、およびそれらについての「良い・悪い」の判断や、報告を受けて気付いたことを基にどんな行動をとるのかは、報告の受け手に委ねられています。事実報告型のデータ視覚化では、定型フォーマットによる報告でデータの中味だけが定期更新されるため、データ更新作業の自動化や、レポートが定期的にメールで届くといった情報配信における効率化が重要となります。

図 2-8　事実報告型データビジュアライゼーション

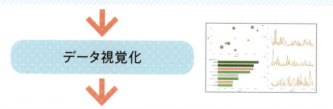

◉ 事実説明型

（通常、仮説検証型や仮説探索型のデータ視覚化の結果として確認された）事実や発見を、読み手の理解しやすいように説明するためのデータ視覚化です。

データ視覚化の作り手側として伝えたい意図・メッセージがあり、それがどうしたら相手に正しく・わかりやすく伝わるかということを考えた上で、一連の説明・プレゼンテーション（使用するグラフ表現・配置レイアウトや説明する順序・ストーリー）が設計されます。このため、指標値や指標値を分解する軸・データを絞り込む条件・注釈や強調表現などは、作り手による説明ストーリーに基づいて選択され、一度限りのものとなることが多いのです。

図 2-9 事実説明型データビジュアライゼーション

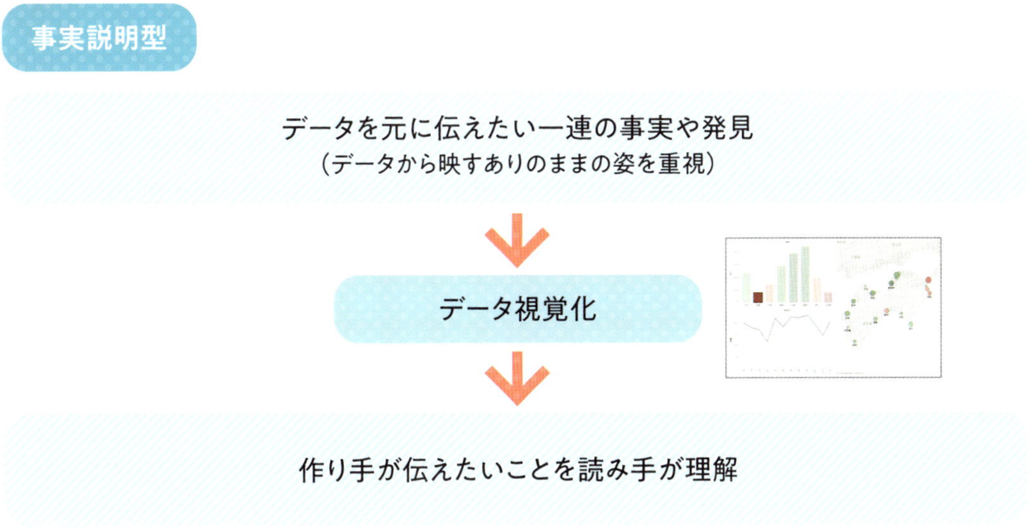

事実説明型

データを元に伝えたい一連の事実や発見
（データから映すありのままの姿を重視）

↓

データ視覚化

↓

作り手が伝えたいことを読み手が理解

データアートの分類

データアートは、自分の主張伝達や美的な作品を作り上げるためにデータを視覚化する手法の総称です。次のように、更に分類されます。

● 主張説得型

自分の主張を読み手に理解・納得させようとするためのデータ視覚化です。

事実説明型との違いは、データが持つ本来の意味（データで表現される事実）をありのままに伝えるよりも、自分の主張をデータによって裏付けたり補強したりすることを重視する点です。また、注目を集めたり、目新しさを出したりするために、データ以外の素材（関係する写真やイラスト等）も使うなど、華美な装飾を施して表現することもあります。

事実説明型のデータビジュアライゼーションでも、受け手に自分が伝えたいメッセージを理解してもらうために作り手の意図でデータを絞り込んだり強調表現を施したりするので、明確な線引きが難しいこともあります。

図2-10　主張説得型データビジュアライゼーション

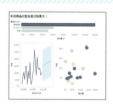

◉ 主張表現型

　自分の主張を必ずしも読み手が理解しなくても構わない、あるいは読み手の存在すら想定しておらず「ただ表現したい」という態度で行われるデータ視覚化です。

　純粋にデータ視覚化表現の美しさや目新しさを追求するために行われる創作活動（まさしくアート）も、この主張表現型に分類されます。この活動の成果として、これまで世の中に存在しなかった新しいチャートタイプが考案され、その定義が理解されて浸透し、やがて事実説明型のデータ視覚化表現として使われる、といった関連性もあります。

図2-11 主張表現型データビジュアライゼーション

　本章の前節までは、データビジュアライゼーションの目的に触れた後、実際に棒グラフ・折れ線グラフ・散布図を例示することにより、グラフからいかに多くのことがほぼ瞬時に読み取れるかを実感いただきました。

　そして本節では、データビジュアライゼーションを6つに類型化することにより、活用の目的や場面を明確にしました。

理論編

第 3 章

データビジュアライゼーションに
関する定義・研究

第3章では、データビジュアライゼーションに関する定義・研究について触れます。
これらの理論的背景を理解することで、第4章で紹介するチャートタイプ選択の
セオリーや実践編のチャートデザインのBefore & Afterの納得感がもっと高まり、
実務にも応用しやすくなるでしょう。
ただ、読み進めていく中で理解するのが難しいと感じる場合は、
一旦飛ばしていただいても構いません。
第4-第7章の中で「なぜ、この方が見やすい・理解しやすいのだろうか」と
疑問を持った時に戻ってきてください。

3-1 データの種類

　データを正しく効果的に視覚化するためには、データには種類があることを理解することが第一歩です。

　まず、データは**属性（質的）**データと**指標（量的）**データの2種類に大きく分けられます。データビジュアライゼーションはほとんどの場合、（合計や平均といった）数値情報の集計を伴いますが、この時、**集計軸**となるのが属性データ、**集計対象**となるのが指標データです。例えば、「年度別支店別売上高合計」と言った場合、「年度」と「支店」が属性データ、「売上高」が指標データです。

　そして、統計学やデータ分析の研究において諸説ありますが、本書では、属性データを4つ、指標データを2つにさらに分け、計6種類と定義します。

図 3-1　データの6種類の分類

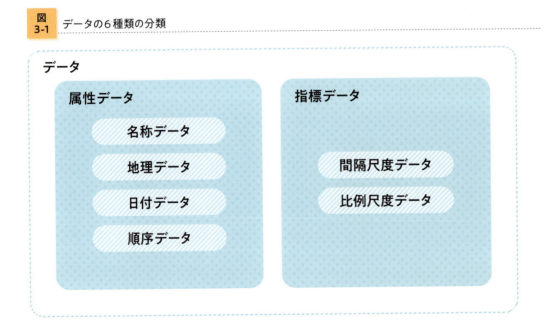

| 図 3-2 | データの6種類の例 |

属性データ

- **名称データ**
  - 定義 人や物に付けられている名前
  - 例示 男性・女性(性別)、ミカン・イチゴ(果物)

- **地理データ**
  - 定義 緯度経度情報(座標情報)に紐付くデータ
  - 例示 都道府県、市区町村、郵便番号、無線位置情報

- **日付データ**
  - 定義 年月日を表すデータ
  - 例示 2005年3月13日(連続)、「2005年」「3月」「13日」(不連続)

- **順序データ**
  - 定義 順序そのものに意味があるデータ
  - 例示 金・銀・銅(メダル)、満足・普通・不満(アンケート結果)

指標データ

- **間隔尺度データ**
  - 定義 間隔のみに意味があるデータ(**絶対的ゼロ**なし)
  - 例示 気温、知能指数

- **比例尺度データ**
  - 定義 間隔にも値にも意味があるデータ(**絶対的ゼロ**あり)
  - 例示 売上、身長、体重

名称データ

　名称データは、男性・女性(性別)やミカン・イチゴ・ブドウ(果物の名前)といった、人や物に付けられている名前です。

　一般的には、ミカンとイチゴどちらが美味しいという絶対的な序列はなく、相互関係もありません。コード値として、男性を1、女性を2で表すような場合もありますが、これも名称データと分類されます。1や2だけを見ると数値ですが、1(男性)よりも2(女性)の方が大きいとか優れているといったわけではないですし、もちろん、これらコード値に対して、合計や平均といった集計作業をした結果は何の意味も持ちません(例えば、男性2名と女性3名の計5名で構成されたグループに対して、性別コードの合計が8で平均が1.6という集計結果は得られますが、これらの指標は何の判断材料にもなりません)。

地理データ

　都道府県や市区町村など、地図上に表すことができる緯度経度情報と紐付くものを、地理データと呼びます。名称データの特殊な例とも言えます（地理データも、緯度経度情報と紐付けなければ名称データとして扱われます）。

　郵便番号も、市区町村や番地と紐付き、緯度経度情報に変換することができるので、地理データに分類されます。データ視覚化において、地図上にデータをマッピングして表現することは大変効果的で、BIツールにそのような機能が備わっていることが一般的です。

　また、無線やカメラを用いて捉えた位置情報が座標情報と紐付けられる場合も地理データとして扱うことができます。例えば、ショッピングモールなどのフロア見取り図上に買い物客の動線や滞在時間をマッピングしたり、工場などの平面図上に作業員の動線や機械の稼働状況をマッピングしたりすることが可能です。

日付データ

　年月日を表すデータで、こちらも名称データの特殊な例と言えます。時系列で物事を理解するのは一般的ですが、このとき集計軸に使うのが日付データです。

図 3-3 日付データの連続と不連続

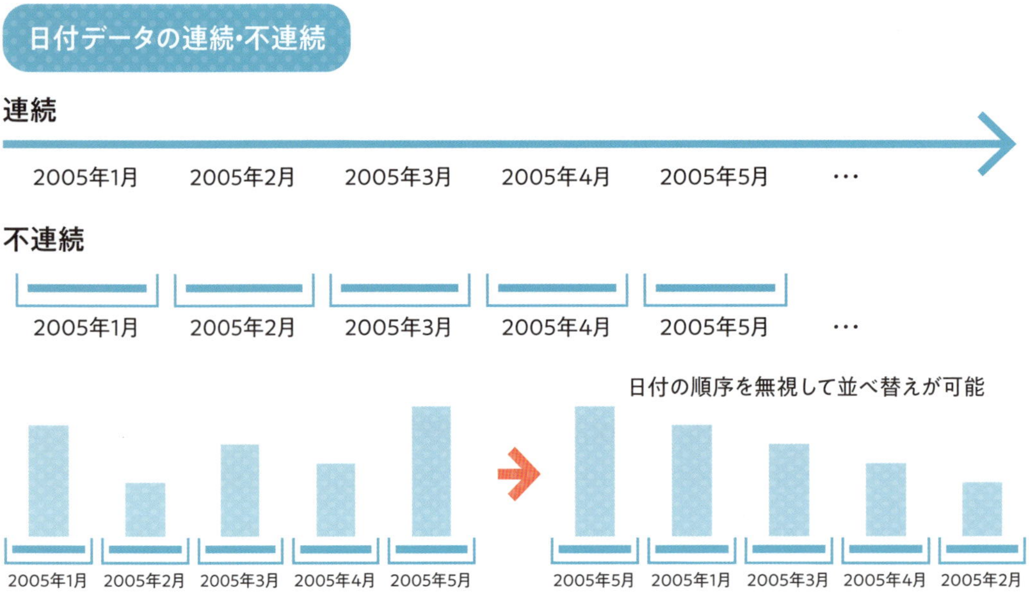

日付データの連続・不連続

連続

2005年1月　2005年2月　2005年3月　2005年4月　2005年5月　…

不連続

2005年1月　2005年2月　2005年3月　2005年4月　2005年5月　…

日付の順序を無視して並べ替えが可能

2005年1月　2005年2月　2005年3月　2005年4月　2005年5月　→　2005年5月　2005年1月　2005年3月　2005年4月　2005年2月

日付データには、「連続」と「不連続」という考え方があり、データ視覚化の目的によって、どちらと扱うか使い分ける必要があります。「連続」の日付データは、例えば2005年3月13日の前の日は2005年3月12日で、次の日は2005年3月14日であるように、全ての日付が一続きで不可分と扱われます。一方、「不連続」の日付データは、年月日の「年（2005）」と「月（3）」と「日（13）」がばらばらに分かれて扱われます。

　「3月の売上高を過去5年間に渡って比較したい」といった場合では、「不連続」の日付データを集計軸に使う必要があります。また、「不連続」の日付データのみ並べ替えが自由にできるため、「過去3年の売上高を多い順に並べると、2005年＞2003年＞2004年の順となった」といった表現が可能です。

　なお、データの連続・不連続については、（日付データ以外にも、連続・不連続という考え方がある等）表計算ソフト・BIツールによって独自の定義・仕様がありますので、ここでは一般論としてのみ述べています。

順序データ

　順序そのものに意味がある（序列がある）データで、文字で表される場合も数字で表される場合もあります。
　例えば、競技会のメダルの色としての「金、銀、銅」や、顧客の段階が定義されたステージの「1: 製品に興味あり、2: 購入経験あり、3: 愛用者登録済」、満足度アンケートの「5: 大変満足、4: やや満足、3: 普通、2: やや不満、1: 大変不満」などが代表的な順序データです。
　「5: 大変満足」の方が「4: やや満足」よりも満足度が高いのは明らかですが、5と4という数字を演算して、「大変満足は、やや満足の1.25倍の満足度である」と言うことはできません（そのような集計結果は意味を持ちません）。
　また、100メートル走で金メダルの選手と銀メダルの選手のタイム差が0.01秒で、銀メダルと銅メダルの選手のタイム差が0.2秒（0.01秒差の20倍）であることもありますが、「金、銀、銅」と表すと、そのような差についての情報は欠落してしまいます。

間隔尺度データ

　指標値同士の間隔のみに意味がある指標データで、四則演算の中で加算と減算に意味を持ちますが、乗算と除算には意味を持ちません。

　気温が代表例で、25℃と20℃の差も10℃と5℃の差も同じ5℃ですが、10℃が5℃の2倍の気温であるとは言いません。これは、気温の0℃が、「気温が存在しない」という意味のゼロ（これを**絶対的なゼロ**と呼びます）ではなく、「0℃という、（日本人にとってはかなり寒く感じる）実体を伴った気温が存在する」という意味であるためです（摂氏0度は、華氏32度と同じ気温であり、単位によってはゼロではありません）。

　また、知能指数も間隔尺度データの代表例で、測定方式によって差はあるものの、おおむね上限160・下限40の間の値をとり、0は基本的に存在しません。このため、「知能指数120の人は知能指数60の人の2倍頭が良い」といった評価も意味を持ちません。

比例尺度データ

　データの間隔にも絶対的な値にも意味がある指標データで、四則演算の全てが可能です。これは、間隔尺度データの説明で触れた**絶対的なゼロ**が存在するためです。

　例えば、売上の0円は、「売上自体が存在しない」という意味のゼロで、単位をドルやユーロに変えてもゼロはゼロです。この**絶対的なゼロ**があることによって、10,000円は5,000円の2倍、80,000円は20,000円の4倍であるといった比率が意味を持ちます。比例尺度データは、四則演算だけでなく（本書では詳述しませんが）ほとんどの統計量（統計的な演算を行った結果）が意味を持ち、適用できる分析手法も多いため、最も利用価値の高いデータの種類であると言えます。

　また、例えば「A社の売上：10,000円、B社の売上：20,000円、C社の売上：80,000円」である時、比例尺度データは、「売上は大きい順に、C社＞B社＞A社である」という順序データの特性と、「B社とC社の売上の差は60,000円である」という間隔尺度データの特性も持ち合わせている点で、データとしての利用価値が相対的に高い種類であると言えます。

図 3-4 データ種類毎に可能な演算

各データの種類で可能な演算

	例	= ≠	< >	+ −	× ÷
名称データ、地理データ、日付データ（不連続）	性別、都道府県名	○	×	×	×
順序データ、日付データ（連続）	メダルの色、5段階アンケート評価	○	○	×	×
間隔尺度データ	気温、知能指数	○	○	○	×
比例尺度データ	売上、身長・体重	○	○	○	○

比例尺度データの特徴

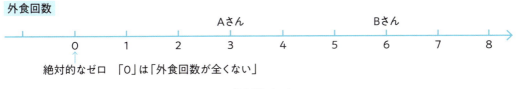

○ 絶対的なゼロ

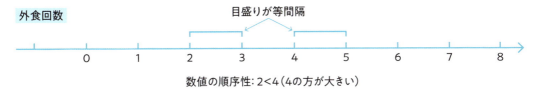

○ 等間隔性と順序性

絶対的なゼロがあるおかげで、1の倍は2、2の倍は4という尺度が生まれる

3-2 視覚属性とゲシュタルトの法則

人間が物事を知覚する際、五感（視覚・聴覚・触覚・味覚・嗅覚）が用いられます。その中で、視覚が最も強力かつ効率的な知覚器官であり、情報理解の約70％が視覚を介して行われるとも言われています。「百聞は一見に如かず」ということわざからも、視覚の重要性を実感できるのではないでしょうか。

視覚属性

ここで、一つ簡単なクイズを行います。

以下の数字の羅列の中で、「9」はいくつあるでしょうか。5秒を目途に数えてみてください。

```
1 5 2 4 8 9 7 6 4 3
9 7 7 3 0 0 7 5 2 8
4 9 2 4 5 8 3 7 7 0
9 5 5 4 6 6 5 8 7 4
4 1 2 4 1 3 2 3 8 0
8 4 1 9 1 2 5 6 3 0
8 8 3 8 9 2 3 7 3 7
6 1 0 9 9 1 4 0 9 5
0 3 8 2 6 7 1 6 5 6
0 9 2 6 1 6 2 0 1 5
```

素早く正確に数えられたでしょうか。目で一つずつ数字を追っていて「9」を数え上げていく作業をしていると、とても5秒では収まらなかったかと思います。

では次に、次の図で同様に「9」を数えてみてください。

```
1  5  2  4  8  9  7  6  4  3
9  7  7  3  0  0  0  7  5  2  8
4  9  2  4  5  3  7  7  0
9  5  5  4  6  6  5  8  7  4
4  1  2  4  1  3  2  3  8  0
8  4  1  9  1  2  5  6  3  0
8  8  3  8  9  2  3  7  3  7
6  1  0  9  9  1  4  0  9  5
0  3  8  2  6  7  1  6  5  6
0  9  2  6  1  6  2  0  1  5
```

今度は5秒以内に、正解である「10個」と数えられたかと思います。

　二つの表は、数字の数も配置も同じで、色だけが異なります。一つ目の表は全ての数字が同じ色、二つ目の表は「9」だけが赤で他の全ての数字がグレーとなっています。これにより、人間の頭の中で行われる情報処理が、以下のように異なります。

◉ 一つ目の表

- ◆ ①一つずつの数字を識別し、「9」を見つける
- ◆ ②見つけた「9」の個数を数える

◉ 二つ目の表

- ◆ ①全体を見て「9」だけが赤で他の全ての数字がグレーであると認識する（正確に確かめはしないが、おそらくそうだと推測する）。
- ◆ ②赤の数字を見つける
- ◆ ③見つけた赤の数字の個数を数える

　先ほどのクイズの結果から、前者よりも後者の方が圧倒的に短い時間で済むことがわかります。これは、人間の視覚認知において「色」が、とても強力な（情報の理解を促進・短時間化する）属性であることを示しています。このように、表や図を識別・理解するために役立てる表現を、**「視覚属性」**と呼びます。

　チャートを見たり作ったりするのに知っておくとよい、代表的な視覚属性を挙げておきましょう。

主な視覚属性

図 3-5 主な視覚属性

視覚属性	アイコン	説明（例）
位置		上、下、右、左といった位置の違い
長さ	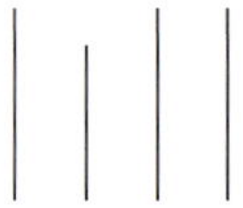	線や棒の長さ
向き（角度）		物体がどの程度傾いているか
太さ（幅）		線や棒の太さ
大きさ（面積）		物体の大きさ
色（彩度）	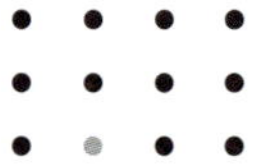	色のグラデーション
色（色相）	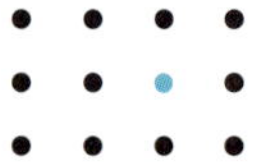	赤、青、黄といった色の違い
形		丸、三角、四角、といった物体の形

● 位置

　上、下、右、左、といった、ある空間における位置の違いです。奥行きも加えた三次元で表現することも可能ですが、認識のしやすさから、表や図では二次元のみで表現することを推奨します（実践編で例示しています）。

◉ 長さ

線や棒の長さです。アイコンにおいて、左から二番目の線のみ長さが短くて他の三本の長さが同じであることが一瞬で読み取れることから、人間がわずかな長さの違いを読み取る能力は非常に高いことがわかります。数値を長さで示したものが、棒グラフです。当たり前すぎて意識されないのですが、棒グラフでは一本一本の棒の太さ（幅）は同じである必要があります。

◉ 向き（角度）

物体がどの程度傾いているのか、つまり角度とも言い換えられます。傾きが全くないものと少しでもあるものは一瞬で区別できますが、どのくらいの角度で傾いているかを正確に認識することは困難です。

◉ 太さ（幅）

線や棒の太さです。太い線は細い線に比べて強調されていると感じて自然と着目する効果があります。

◉ 大きさ（面積）

物体の大きさです。長さと太さを組み合わせたもの、つまり面積とも言い換えられます。上記例のように、大きさの大小は一瞬で区別できますが、どのくらい大きい（小さい）のか、その面積を正確に認識することは困難です。

◉ 色（彩度）

色の鮮やかさを意味します。同じ色相でも彩度が異なれば違った色に見えます。位置に応じて色が連続的に変わることを、グラデーションと呼びます。色の三属性として、他に明度がありますが、本書では便宜上、明度も彩度の一部と見なします。

◉ 色（色相）

赤、青、黄、といった色の様相の違いです。

◉ 形

丸、三角、四角、といった物体の形です。形が異なれば自然と別の種類・グループだと認識する効果があります。

視覚属性の強弱

　また、視覚属性には**強弱**があることも覚えておくとよいでしょう。主観が入るので唯一絶対の序列というわけではありませんが、**図3-6**の通りです。

図3-6 視覚属性の強弱

視覚属性として強い
（わずかな違いでも一目でわかりやすい）

視覚属性
位置
長さ
向き（角度）
太さ（幅）
大きさ（面積）
色（彩度）
色（色相）
形

視覚属性として弱い
（わずかな違いが一目ではわかりづらい）

　食べ物をお箸で口に運んで食べたり、人混みを誰にもぶつからないように歩いたりすることを想像してください。人間がいかに物体の位置関係を瞬時に正確に把握しながら生活しているかがわかるでしょう。このことから、「位置」が最も強い視覚属性と言えます。
次に強いのは「長さ」ですが、わずかな長さの違いでも判別できる棒グラフが最も一般的に使われているグラフであることから納得できるでしょう。

　棒グラフと並んで一般的に使われているグラフが折れ線グラフですが、これは一番目に強い視覚属性の「位置」と三番目に強い視覚属性の「向き（角度）」を組み合わせた表現です。
太さ（幅）と長さ（高さ）を掛け合わせたものが大きさ（面積）であることから、視覚属性の「太さ（幅）」の方が「大きさ（面積）」より要素が単純でわかりやすいと言えます。

ここで言及している強さは、「わずかな違いでも一目でわかりやすいか」という点ですので、色であれば赤と青・形であれば丸と四角といったように、大きな違いを持つ物同士を使い分けることで、視覚属性の「色」と「形」も十分有効に機能させることができます。

　また、各視覚属性には、どのデータの種類に対して適用できるかという経験則があります。例えば、「形」と「指標データ」が交わるセルに印は付いていませんが、「売上高10を四角で表し、9を三角で表し、8を星印で表す、7は……」といったことは現実的ではありません（非常にわかりづらいです）。

図3-7 視覚属性と適用できるデータの種類

視覚属性	指標データ	属性データ（順序データ）	属性データ（その他）
位置	○	○	○
長さ	○	○	
向き（角度）	○		
太さ（幅）	○	○	
大きさ（面積）	○	○	
色（彩度）	○	○	
色（色相）			○
形			○

　次章で紹介する様々なチャートタイプは、これら視覚属性とデータの種類の組み合わせによって構成されていると言えます。また、自分でデータ視覚化を行う際にこの経験則を適用することによって、新たな表現を模索しつつも、できあがったものを直感的に相手にも理解されやすくすることが可能です。

ゲシュタルトの法則

　視覚認知において様々な研究結果が報告されていますが、中でもチャートデザインに応用できるという点で有効なのは、ゲシュタルトの法則です。次ページ以降に代表的な法則を応用例と共に紹介します。

①近接の法則

位置的にお互いが近接している物体同士が同じグループと見なされやすい。

　この図を見たときに「9つのドット」ではなく「3つのドットが3グループ」という見方がより自然でしょう。このように、人間は無意識のうちに、近接し合っている物体を同じグループと見なす傾向があります。

　次に、数表を模した例を見てみましょう。
　例では、横の間隔の方が縦の間隔より広いため、上から下へ列毎に目線が移ります。

　一方で、次の例では、横の間隔の方が縦の間隔より狭いため、左から右へ行毎に目線が移ります。

　この近接の法則を応用すると、適切な（意図的な）間隔を空けることにより、線や色で過度に区別しなくてもグループを表現でき、チャートデザインにおいて前述のデータインクレシオを高めることができます。

②類似性の法則
色や形といった同じ視覚属性を持つ物同士が同じグループと見なされやすい。

　二つ例の印（シンボル）の位置関係は同じです。いずれも、位置的には近い物が他にあるにも関わらず、同じ色・形を持つ物同士の2グループという見え方になります。

次に、数表を模した例を見てみましょう。
　例では、近接性の法則でも紹介した、横の間隔の方が縦の間隔より狭いものですが、同じ色を辿るように、上から下へ列ごとに目線が移ります（人によっては、上下と左右のどちらに目線を映してよいのか混乱するかもしれません。少なくとも、もし色が同じであれば迷わず左右という位置関係だったところ、色の影響で上下に目を移しやすくなることが実感できるはずです）。

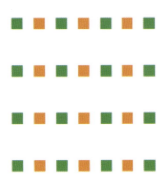

③囲い込みの法則

線や枠で囲まれた物同士は、視覚属性が別であっても同じグループと見なされやすい。

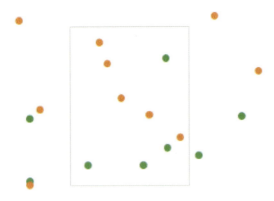

　印（シンボル）の位置関係の近さ・遠さや色の違いが存在していますが、それらよりも枠の内側か外側かが、グループを認識させる影響力として大きいことが実感できるはずです。

◉ ④閉鎖性の法則

一部が欠けたように見える物体は、欠けた部分が補われやすい。

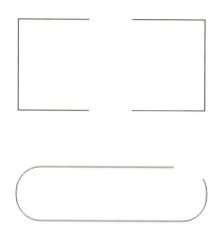

　一つ目の図は、逆コの字型とコの字の二本の線よりも、一部が欠けている長方形に見える傾向にあります。二つ目の図は、複数個所が曲がっている一本の線よりも、右上が欠けている輪に見える傾向にあります。このように、たとえ物体が不完全であっても丸や四角など一般的な形と認識しようという作用が働きます。

　この閉鎖性の法則を応用すると、ある形や領域を認識させるための線を一部省略でき、チャートデザインにおいてデータインクレシオ（**第2章**参照）を高めることができます。

理論編

第 4 章

データビジュアライゼーションの
セオリー

データビジュアライゼーションの用途に応じて、適するチャートタイプは異なります。本章では、チャートタイプの一覧と共に、どんな目的・場面でどのチャートタイプを選択すればよいかを解説します。

4-1 データビジュアライゼーションの用途分類

　データビジュアライゼーションの用途は、次のように8種に分類することができます。用途が異なれば、使用するチャートタイプや適する表現もそれに応じて異なります。その組み合わせについては次節以降で触れるため、本節では分類ごとの説明・具体例を示します。

図 4-1 用途の分類

分類		説明
時系列比較		指標の時系列で比較
属性比較		指標を属性毎に比較
順位比較		指標の大小でランキング
内訳比較		全体に対する構成比を確認
分布把握		集中・離散度合を把握
偏差分析		全体の中での位置を確認
相関分析		指標同士の関係性を把握
地図分析		指標を地図上にマッピング

時系列比較

ある指標が、時系列に沿って、どのように変化しているかを示します。上昇・下降といった**傾向（トレンド）**や、季節性や曜日ごとといった**規則性（パターン）**の有無も読み取ることが可能です。

属性比較

製品別・顧客別・支店別といった、指標を属性ごとに分解して比較することで、多い・少ない、良い・悪いといった判断に役立てます。

順位比較

指標を属性ごとに分解した上で、大きい順あるいは小さい順に並べます。属性比較の一種とも言えます。比較する属性の数が多すぎる場合には、順位を付けた上で、上位・下位いくつまでを抽出・表示するといったことを行なうことで、着目する対象を絞り込むことが有効です。

内訳比較

指標を属性ごとに分解した上で、全体に対する内訳（構成比、シェア）を示します。属性比較の一種とも言えます。全体を100％としたときに、属性ごとに何％占めているかを比較します。

分布把握

指標を属性ごとに分解した上で、ばらつき具合及び広がり具合（どこに・どのくらい発生しているか）を示します。特定の地点に集中していたり、全体的に離散したりしている状態を視覚化することで概況把握に役立てます。集合から著しく離れた地点にある外れ値を見つけ出すことも容易です。

一つの指標について、その数値及び数値幅を属性と見なして発生回数を記すものを、**度数分布表（ヒストグラム）**と呼びます。二つの指標を縦軸と横軸にとって対象データを点として打つ・配置する（プロットする）ものを、**散布図（スキャッタープロット）**と呼びます。本書では詳しく触れませんが、分布にはその形状によって複数の種類（正規分布、二項分布など）があり、分布の種類に応じて適用できる統計手法が異なります。

偏差分析

　着目する特定の（明細）レコードに対して、母集団（全体）の平均値との差を示します。分布把握があくまで全体・概況に着目しているのに対して、偏差分析は、着目する特定のレコードと母集団（全体）を比較することにより、どの程度多い・少ないといった程度と意味合いを見出します。

相関分析

　一般的に、二つの物事が相互に影響し合うことを**相関**と呼びます。データ視覚化においては、一つの指標値が増えれば増えるほどもう一方の指標値も増えるのか（これを**正の相関**と言います）、あるいは一つの指標値が増えれば増えるほどもう一方の指標値は減るのか（これを**負の相関**と言います）を確かめることを意味します。指標値同士の増減がばらばらの動きを示す場合は、「**相関がない**」と言います。相関関係は、因果関係と混同されることがありますが、別モノです。相関があることだけでは、一つの指標値が原因（理由）でもう一方の指標値が増減した（因果関係）ということには必ずしもならず、ここには表れていない別の指標値や事象が介在している可能性があります。

地図分析

　地理データを地図上に配置（プロット）することにより視覚化します。例えば、販売データ分析において、店舗の所在地や顧客の居住地が地理データとして視覚化対象になり得ます。あるいは、建物内や工場内のヒトやモノの動きを位置情報として示すことも地図分析の一種と分類しています。

4-2 チャートタイプ選択のセオリー

　データ視覚化の用途分類（8種類）に応じて適するチャートタイプは異なります。絶対の正解があるわけではありませんが、各用途類型の中でさらに細かい目的・場面を規定することで、選択すべき適切なチャートタイプを挙げています。

　チャートタイプ選択のセオリーとして身に付けることで、ゼロからデータを視覚化する際の迷いが軽減されたり、他者や自分自身が作成したデータ視覚化の結果（レポートやダッシュボード）をレビュー・ブラッシュアップしたりするのに役立ちます。

● データ視覚化の用途類型一覧（再掲）

- 時系列比較
- 属性比較
- 順位比較
- 内訳比較
- 分布把握
- 偏差分析
- 相関分析
- 地図分析

それぞれの類型に応じて、どのようにチャートを選択すればよいのか、整理してみましょう。

時系列比較

図 4-2

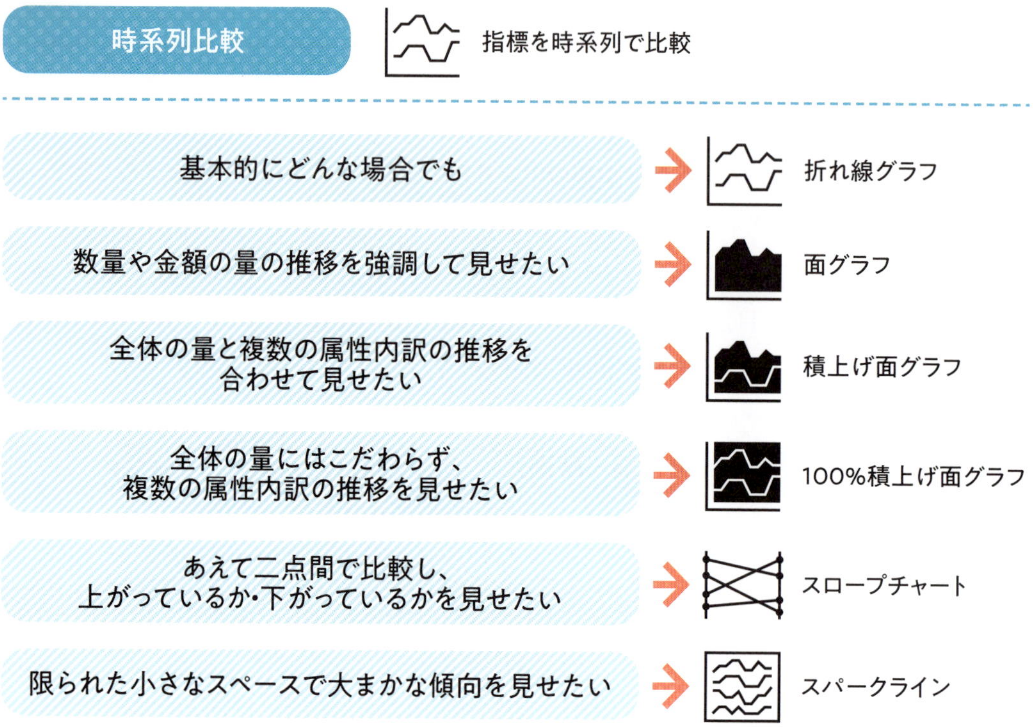

| 時系列比較 | 指標を時系列で比較 |

基本的にどんな場合でも	→ 折れ線グラフ
数量や金額の量の推移を強調して見せたい	→ 面グラフ
全体の量と複数の属性内訳の推移を合わせて見せたい	→ 積上げ面グラフ
全体の量にはこだわらず、複数の属性内訳の推移を見せたい	→ 100%積上げ面グラフ
あえて二点間で比較し、上がっているか・下がっているかを見せたい	→ スロープチャート
限られた小さなスペースで大まかな傾向を見せたい	→ スパークライン

属性比較

図 4-3

属性比較 指標を属性ごとに比較

基本的にどんな場合でも	→	棒グラフ（縦・横）
二つの指標値をそれぞれ見せたい	→	グラデーション色付き棒グラフ
二つの指標値を合わせて見せたい（指標値同士を直に比較したい）	→	ブレットチャート
非常に多数の属性の指標値の大小を一覧で見せたい	→	ヒートマップ
指標値そのものを正確に見せたい	→	スコアカード

順位比較

図 4-4

順位比較 指標の大小でランキング

基本的にどんな場合でも	→	棒グラフ（降順・昇順）
時系列での順位の推移を見せたい	→ 	バンプチャート

内訳比較

図 4-5

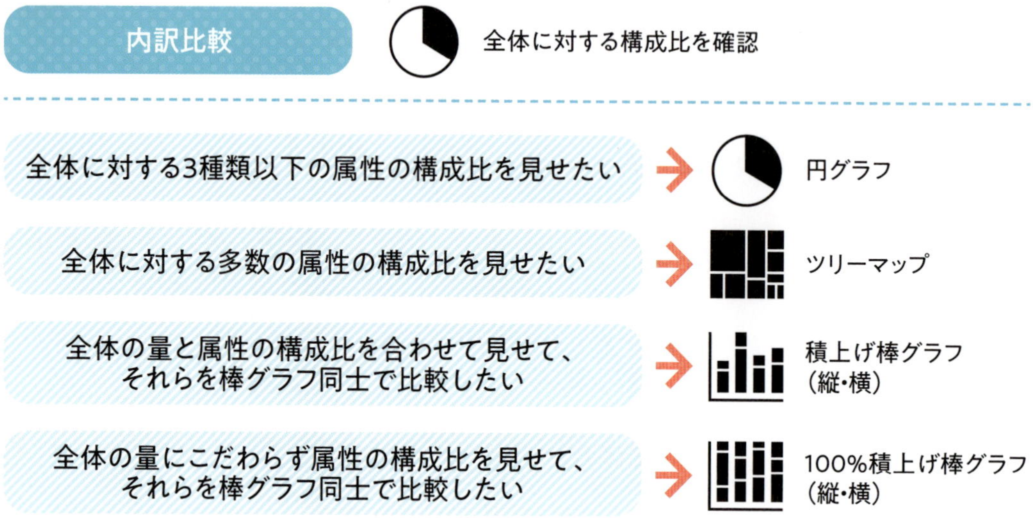

| 内訳比較 | 全体に対する構成比を確認 |

全体に対する3種類以下の属性の構成比を見せたい	→ 円グラフ
全体に対する多数の属性の構成比を見せたい	→ ツリーマップ
全体の量と属性の構成比を合わせて見せて、それらを棒グラフ同士で比較したい	→ 積上げ棒グラフ（縦・横）
全体の量にこだわらず属性の構成比を見せて、それらを棒グラフ同士で比較したい	→ 100%積上げ棒グラフ（縦・横）

分布把握

図 4-6

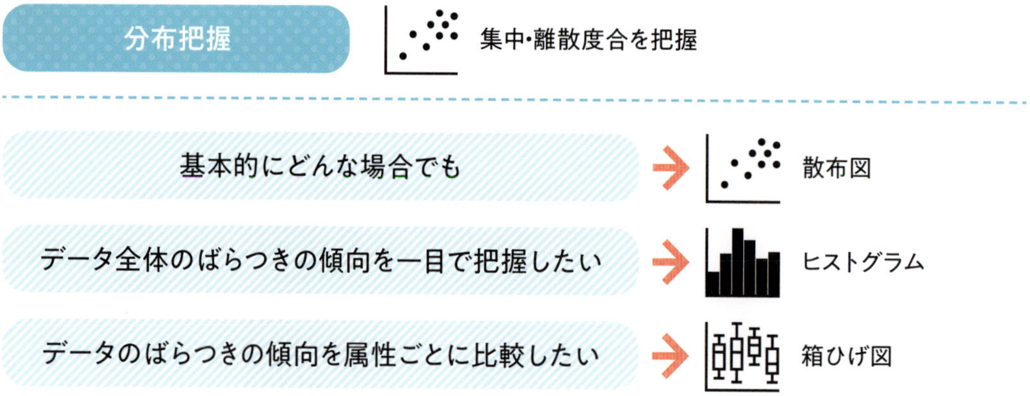

| 分布把握 | 集中・離散度合を把握 |

基本的にどんな場合でも	→ 散布図
データ全体のばらつきの傾向を一目で把握したい	→ ヒストグラム
データのばらつきの傾向を属性ごとに比較したい	→ 箱ひげ図

偏差分析

図 4-7

| 偏差分析 | 全体の中での位置を確認 |

中央値や四分位などの統計量を
属性同士で比較したい →  箱ひげ図

相関分析

図 4-8

| 相関分析 | 指標同士の関係性を把握 |

二つの指標値の関係性を把握したい → 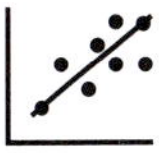 傾向線付き散布図

三つの指標値の関係性を把握したい →  バブルチャート

地図分析

図 4-9

| 地図分析 | 指標を地図上にマッピング |

一つの指標値を領域同士で比較したい → 色塗りマップ

二つの指標値を領域同士で比較したい → 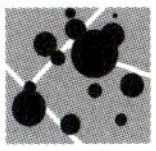 シンボルマップ

4-3 チャートタイプ一覧

　本節では、少なくとも50以上存在するチャートタイプの中から、有用度の高いものをサンプル付きで列挙します。チャートタイプの辞書のような位置付けで活用してください。

● チャートタイプ名称　棒グラフ（縦）

チャートタイプ番号	01-01
主な用途	属性比較
有用度	A
必要な軸	1つ
必要な指標	1つ
適用表現	長さ、色相
説明	棒の長さ（高さ）でデータを表す。カテゴリ別の指標値を絶対的にも相対的にも正確に表現できる（軸はゼロから始めることが重要）。

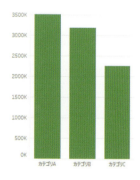 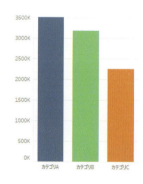

● チャートタイプ名称　棒グラフ（横）

チャートタイプ番号	01-02
主な用途	属性比較
有用度	A
必要な軸	1つ
必要な指標	1つ
適用表現	長さ、色相
説明	棒の長さ（高さ）でデータを表す。カテゴリ別の指標値を絶対的にも相対的にも正確に表現できる（軸はゼロから始めることが重要）。

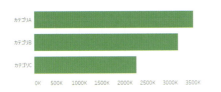 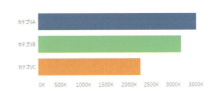

● チャートタイプ名称　棒グラフ（グラデーション）

チャートタイプ番号	01-03
主な用途	属性比較
有用度	A
必要な軸	1つ
必要な指標	2つ
適用表現	長さ、色相
説明	バーの色のグラデーションで二つ目の指標の大小を表現。

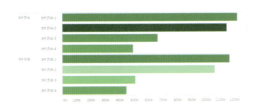 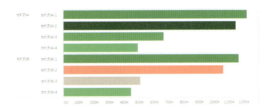

（注）左が一つの色相のグラデーション、右が二つの色相のグラデーション

◉ チャートタイプ名称　積上げ棒グラフ

チャートタイプ番号	01-04
主な用途	内訳比較
有用度	A
必要な軸	2つ
必要な指標	1つ
適用表現	長さ、色相
説明	各バーの内訳を色で表現。

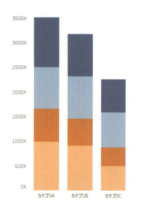
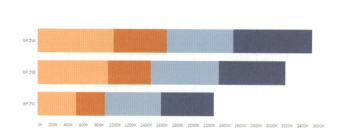

◉ チャートタイプ名称　100%積上げ棒グラフ

チャートタイプ番号	01-05
主な用途	内訳比較
有用度	A
必要な軸	2つ
必要な指標	1つ
適用表現	長さ、色相
説明	バー全体の長さは絶対値ではなく100%を示し、内訳の長さで構成比のみを表現。

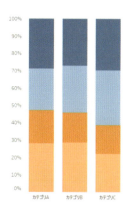
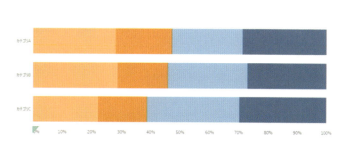

● チャートタイプ名称　ブレットチャート

チャートタイプ番号	01-06
主な用途	属性比較
有用度	A
必要な軸	1つ
必要な指標	2つ
適用表現	長さ、色相、位置
説明	予算達成度など、2つの指標を比較するのに有用。

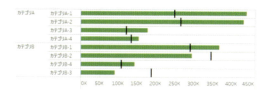
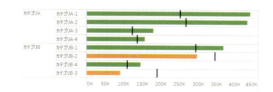
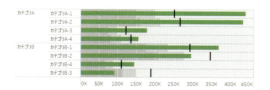

4-3 | チャートタイプ一覧　57

● チャートタイプ名称　折れ線グラフ

チャートタイプ番号	02-01
主な用途	時系列比較
有用度	A
必要な軸	1つ
必要な指標	2つ（うち1つは間隔値）
適用表現	位置、スロープ、色相
説明	横軸で連続的な値に対して縦軸の数量を比較するために使われる。バーチャートと異なり、相対的な傾向のみを表したい場合は、必ずしも縦軸はゼロ始まりでなくてもよい。

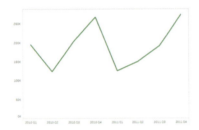
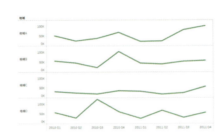

● チャートタイプ名称　面グラフ

チャートタイプ番号	02-02
主な用途	時系列比較
有用度	A
必要な軸	0
必要な指標	2つ（うち1つは間隔値）
適用表現	高さ、スコープ、エリア、色相
説明	折れ線グラフと似ているが、ゼロからその指標値までの間が塗りつぶされている。そのため、エリアチャートの方が量・累計を表しているような印象を与える。

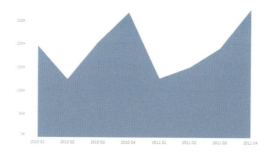
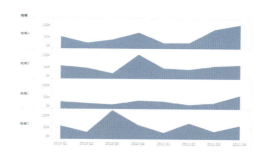

● チャートタイプ名称　積上げ面グラフ

チャートタイプ番号	02-03
主な用途	時系列比較
有用度	A
必要な軸	1つ
必要な指標	2つ（うち1つは間隔値）
適用表現	高さ、スロープ、エリア、色相
説明	エリアチャートの内訳を色で表現。一つ目の属性の内訳の絶対値・増減はわかりやすいが、二つ目以降の属性は帯の高さで表現されるのでわかりづらい。

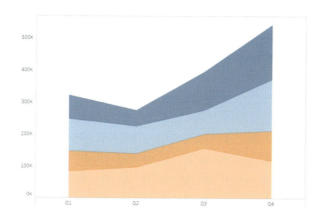

4-3 | チャートタイプ一覧　59

● チャートタイプ名称　100%積上げ面グラフ

チャートタイプ番号	02-04
主な用途	時系列比較
有用度	A
必要な軸	1つ
必要な指標	2つ（うち1つは間隔値）
適用表現	高さ、スロープ、エリア、色相
説明	エリアチャートの内訳を色で表現。高さは絶対値ではなく構成比を示す。

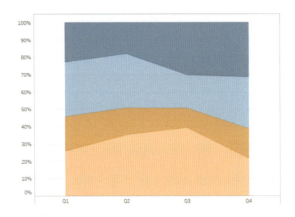

● チャートタイプ名称　スロープチャート

チャートタイプ番号	02-05
主な用途	時系列比較
有用度	A
必要な軸	0
必要な指標	2つ（うち1つは間隔値）
適用表現	位置、関係（コネクション）、色相
説明	二点間の指標値を比較するのに有効。前後比較をシンプルに表現するのに特に有効。上昇か下降かで色を分ける表現も可。

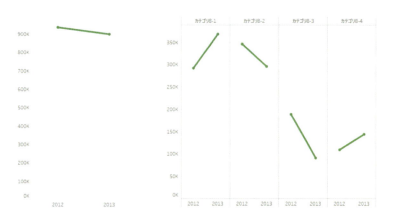

● チャートタイプ名称　バンプチャート

チャートタイプ番号	02-06
主な用途	順位変化
有用度	A
必要な軸	1つ
必要な指標	2つ（うち1つは間隔値）
適用表現	位置、関係（コネクション）、色相
説明	順位を示すラインチャートの派生形。以下の例では、最新では一位の属性が前月は二位、前々月は一位という推移が示されている。

● チャートタイプ名称　スパークライン

チャートタイプ番号	02-07
主な用途	時系列比較
有用度	A
必要な軸	1つ
必要な指標	2つ（うち1つは間隔値）
適用表現	位置、スロープ
説明	細かい数量ではなく変化・傾向を読み取るための表現。狭いスペースでも表現できるため、ダッシュボードで有効活用。

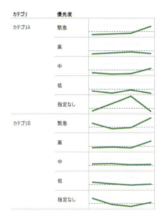

● チャートタイプ名称　散布図

チャートタイプ番号	03-01
主な用途	分布把握
有用度	A
必要な軸	1つ
必要な指標	2つ
適用表現	位置、色相
説明	二種類の数値でX軸とY軸をプロット、パターンや相関やクラスターやアウトライヤー（外れ値）を表す。

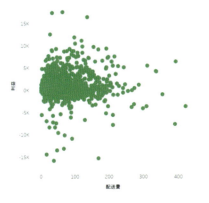
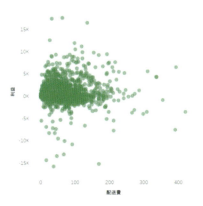
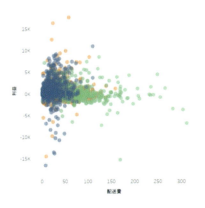
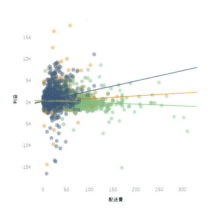
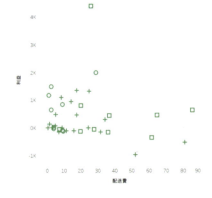

4-3 チャートタイプ一覧

● **チャートタイプ名称　バブルチャート**

チャートタイプ番号	03-02
主な用途	相関分析
有用度	A
必要な軸	1つ
必要な指標	3つ
適用表現	位置、色相、エリア
説明	円マークの色とサイズによって、散布図に情報を付加。アニメーション・モーションによって、さらにその時系列変化を表現することも可能。

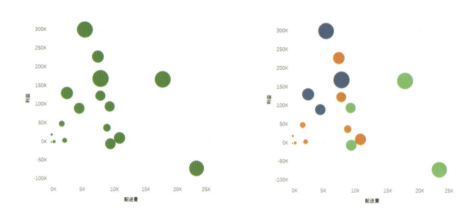

● **チャートタイプ名称　散布図マトリックス**

チャートタイプ番号	03-03
主な用途	相関分析
有用度	A
必要な軸	3つ
必要な指標	2つ
適用表現	位置、色相
説明	スモールマルチプルチャート・タレリスチャートの派生形。散布図同士のパターンの違いが見つけやすい。

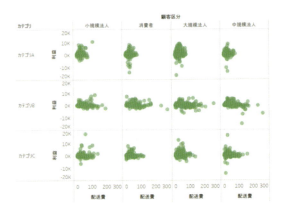

● チャートタイプ名称　色塗りマップ

チャートタイプ番号	04-01
主な用途	地図分析
有用度	A
必要な軸	1つ（地名等、緯度・経度と紐付く属性情報）
必要な指標	1つ
適用表現	位置、彩度
説明	地図上で数値の大きさを色のグラデーションで表現。色相で地図内のカテゴリを表現し、そのカテゴリ内の数値の大きさをその色相内のグラデーションで表現する応用もあり。

● チャートタイプ名称　シンボルマップ

チャートタイプ番号	04-02
主な用途	地図分析
有用度	A
必要な軸	1つ（地名等、緯度・経度と紐付く属性情報）
必要な指標	1つ
適用表現	位置、彩度
説明	実質的に地図上に散布図を表示したもの。アニメーション・モーションによって、さらにその時系列変化を表現することもできる。

● チャートタイプ名称　バブルプロットマップ

チャートタイプ番号	04-03
主な用途	地図分析
有用度	A
必要な軸	1つ（地名等、緯度・経度と紐付く属性情報）
必要な指標	2つ
適用表現	位置、エリア、彩度
説明	実質的に地図上にバブルチャートを表示したもの、色を半透明にして重なりを表現することも可能。アニメーション・モーションによって、さらにその時系列変化を表現することも可能。

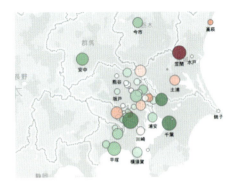

●チャートタイプ名称　数値（そのもの）

チャートタイプ番号	05-01
主な用途	属性比較
有用度	A
必要な軸	0
必要な指標	1つ
適用表現	色相
説明	数字そのもの。スコアカードとも呼ばれる。

453,771,937　　　454M　　　454M　　　454M　　　売上：454M
　　　　　　　　　　　　　　　　　　　　　　　　利益：37M

● チャートタイプ名称　数表（クロス集計表、テーブル）

チャートタイプ番号	05-02
主な用途	属性比較
有用度	A
必要な軸	1つ
必要な指標	1つ
適用表現	位置、色相
説明	軸ごとの集計値を表で表したもの。強調・判断補助のために、文字や背景に色を付けることもある。

● チャートタイプ名称　ヒートマップ

チャートタイプ番号	05-03
主な用途	属性比較
有用度	A
必要な軸	1つ
必要な指標	1つ
適用表現	位置、色相
説明	二軸のマトリックス上の数値を彩度で表。多数のセルで傾向・比較が可能、省スペース、クリックして詳細に飛ぶ用途としても有効。

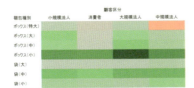
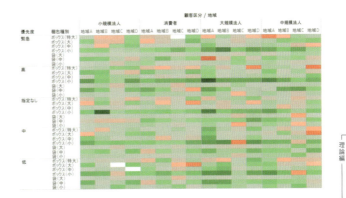

● チャートタイプ名称　ツリーマップ

チャートタイプ番号	06-01
主な用途	内訳比較
有用度	A
必要な軸	1つ
必要な指標	1つ
適用表現	エリア、位置、色相、彩度
説明	全体に対して区分けした四角の面積で内訳を表現。色や位置で付加的な情報を示せる。区画の中にラベルを表示させることも可。

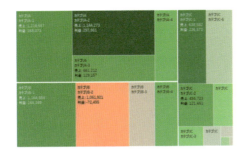
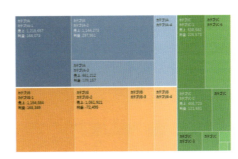

4-3 | チャートタイプ一覧　69

● チャートタイプ名称　箱ひげ図

チャートタイプ番号	06-02
主な用途	偏差分析
有用度	A
必要な軸	0つ
必要な指標	1つ
適用表現	位置、高さ、色相
説明	四分位を表現。外れ値の扱い。ドットで明細も表現できる派生形もあり。

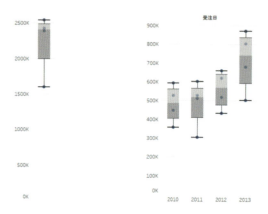

● チャートタイプ名称　ヒストグラム

チャートタイプ番号	06-03
主な用途	分布把握
有用度	A
必要な軸	1つ（数値の刻み幅）
必要な指標	1つ
適用表現	高さ、幅
説明	棒グラフと混同されることがあるが、別物である。（棒グラフはカテゴリ別の比較を促進するのに対して）その数値インターバルの出現頻度を通じて分布を示す。通常、それぞれのバーの間に隙間は空けない。

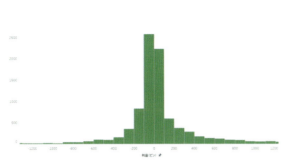
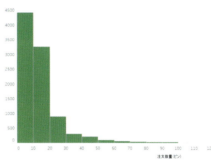

● チャートタイプ名称　スモールマルチプル（トレリスチャート）

チャートタイプ番号	06-04
主な用途	属性比較
有用度	A
必要な軸	2つ
必要な指標	1つ
適用表現	位置
説明	個別のチャートタイプではないが、各チャートを属性軸に従って上下左右に並べて表示することで比較が効率・効果的になる。

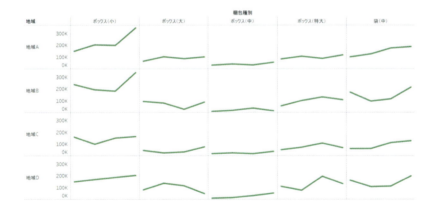

● チャートタイプ名称　円グラフ（パイチャート）

チャートタイプ番号	06-05
主な用途	内訳比較
有用度	A
必要な軸	1つ
必要な指標	1つ
適用表現	角度、エリア、色相
説明	全体に対する内訳を表現するために広く使われているチャートタイプ。多数のカテゴリで構成するのは効果的ではなく、目安として4つ以上になる場合は棒グラフや積上げ棒グラフで代替したほうがよい。

● チャートタイプ名称　ドーナツチャート

チャートタイプ番号	06-06
主な用途	内訳比較
有用度	A
必要な軸	1つ
必要な指標	1つ
適用表現	角度、エリア、色相
説明	円グラフの派生チャートタイプ。円グラフの中心をくりぬいてラベル表示場所として活用することにより、スペースを有効活用できる。

以上、有用度Aのチャートタイプをサンプルと共に紹介しましたが、他にも様々なチャートタイプが存在し、今もどこかで誰かによって新しいチャートタイプが生み出されています。

　このほか、有用度Bと有用度Cのチャートタイプの名前を列挙しておきます。興味がある・使ってみたいチャートタイプがありましたら、是非ともWeb等で調べてみてください。

● 有用度Bのチャートタイプ

- ドットプロット
- ガントチャート
- レーダーチャート
- ワードクラウド
- サンキーダイアグラム
- ピクセルバーチャート
- エリアサイズチャート
- スクウェアパイチャート・ユニットチャート・ワッフルチャート
- ネットワークダイアグラム（ノードリンク）

● 有用度Cのチャートタイプ

- ラディアルチャート
- Glyph（字体）チャート
- ホライゾンチャート
- ストリームグラフ
- パラレルセット（パラレルコーディネート）
- ラディアルネットワーク（コードダイアグラム・弦ダイアグラム）
- イサリスミックマップ・コンツアーマップ・トポロジカルマップ
- パーティクルフローマップ
- カートグラム
- ドーリングカートグラム
- パスマップ（ネットワークコネクションマップ）

- ◆ スパイダーマップ（始点・終点マップ）
- ◆ 密度マップ
- ◆ サークルパッキングダイアグラム
- ◆ バブル階層図
- ◆ ツリー階層図
- ◆ OHLCチャート・カンデレスチックチャート
- ◆ バーコードチャート
- ◆ フローマップ

実践編

第5章

Hop!
『インフォメーションデザイン』の基本のキ

この章では、データリテラシーを高めるための第一歩として、
チャートで使う色や装飾、
各種チャートの適切な使い方や選び方の基礎を学びます。

5-1 | 色は強調したい要素に使う

色の基本①

Before

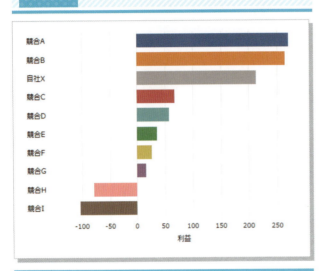

図 5-1

After

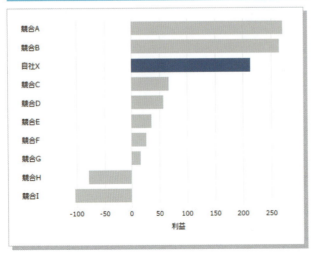

図 5-2

課題

色の情報量が多く、肝心な量の情報が伝わりにくい

解説

　人間の脳に入る情報が多いほど、必要な情報が伝わりにくくなります。図5-1では読み手は何に着目すればよいのでしょうか？

　棒グラフの場合、棒の長さで量の情報を取得・比較するものですが、最初に頭に入る情報がカラフルな色だとすると、最も重要であったはず量の情報の優先度が下がっていることになります。

　一方、図5-2はどうでしょう？

　瞬時に目に入るのは青い棒で、それが他の項目と比べて長い部類であることもすぐに把握できます。作り手が伝えたいメッセージが明確で、読み手が迷う余地がありません。

改善策

無意味な多色は使わず、強調して伝えたい要素に色を使う

代替案①　マイナスの要素を強調したい場合

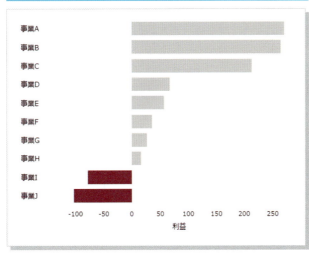

図5-3

代替案②　絶対値の大きな要素を強調したい場合

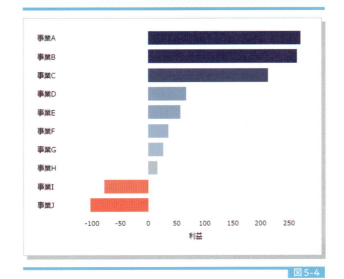

図5-4

キーポイント

図5-3と図5-4には別の案を示してみました。

図5-3は赤字となっている事業を強調したい場合に特に有効であるのに対し、図5-4は正負を問わず金額規模感の違いを強調する場合に有効です。

色の使い方を少し変更するだけで、伝わり方が全く異なることがわかります。

視覚化の目的、つまり作り手側の意思があってはじめて、適した色使いが定まってきます。そのチャートで読み手に「何を」伝えたいのか、常に意識をしましょう。

5-2 | 色の数は少なめに
色の基本②

Before

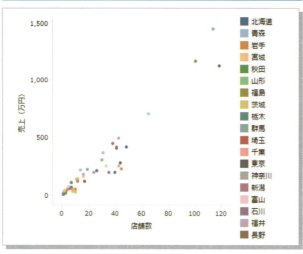

図5-5

After

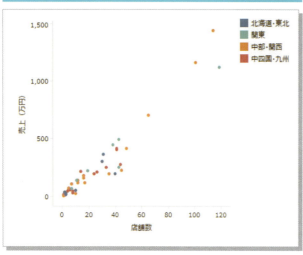

図5-6

課題

区別するための多色がわかりにくさを生む

解説

図5-5のようなチャートは散布図や折れ線グラフで非常によく見かけます。色の凡例には既にスクロールがありすべて表示できていませんし、似たような色が多いため、どの点がどの都道府県かを色だけで正確に一意に特定することは困難です。

色が5色を超えてくると同系色の利用が増えてしまいます。比較項目が多い場合、色だけで個を識別することは潔く諦めたほうがいいでしょう。

例えば図5-6のように地域別に色を絞った場合、都道府県レベルでの新しい発見を得る機会は失われますが、中部・関西地域を基盤としていることがすぐに把握でき、読み手の負荷も抑制されます。

改善策

色数を絞り、異なる粒度でのインサイトを得る

5-3 彩度は控えめがオススメ

色の基本③

Before

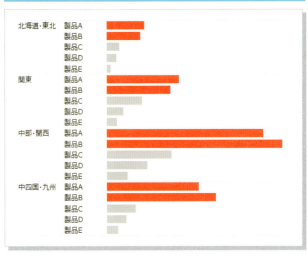

図 5-7

After

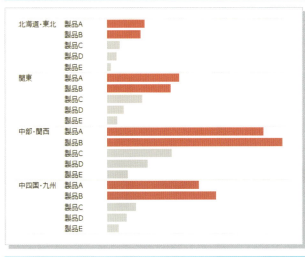

図 5-8

課題

色が鮮やかすぎる

解説

　色には色相（Hue）、彩度（Saturation）、明度（Lightness）という3つの特徴があります。

　図5-7は色の強度を表す彩度の高い赤色が使われているのですが、色が鮮やかすぎると必要以上に色が強調され、それがノイズとなって重要な情報が頭に入りにくくなります。

　そのため、図5-8のような彩度を下げた色を使うことをオススメします。彩度を下げることで落ち着いた配色となり、意識がチャート上の量的要素（棒グラフであれば棒の長さ）に集中しやすくなります。

　たまたま目にするポスターのように受動的に見る情報とは異なり、能動的に見ることが求められるようなチャートではキャッチーな装飾で目を惹く必要はありません。

改善策

色の彩度を下げ、過剰な派手さを抑制する

5-4 | 色相違いの２色使いは要注意
色の基本④

Before

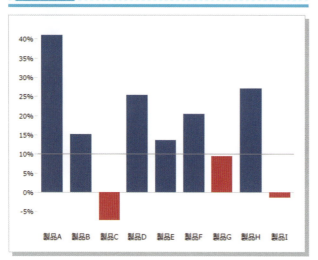

図5-9

After

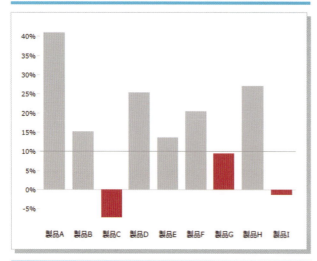

図5-10

課題
どちらの色に着目すべきか分かりにくい

解説
　図5-9では、10%を基準に色相の大きく異なる青と赤で色分けをしています。色相の違いが大きいため、二者の区別は容易です。

　一方、作り手としては基準となる10%を超えるものと下回るもののどちらを読み手に伝えたいのでしょうか？

　この例では二色の色相の違いが必要以上に目立ち、作り手の意図を感じることができません。

　一方、図5-10のように無彩色のグレーと合わせると、10%以下の赤色の項目に焦点が当たっていることは一目瞭然です。読み手が最短距離で必要な情報、つまり基準値（この図では10%のライン）に足りてない製品が何であるか、を認識できるようになります。

改善策
色相のないグレーを有効活用する

5-5 色使いの矛盾を避ける

色の基本⑤

Before

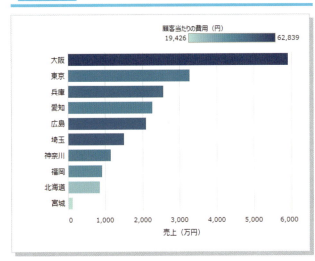

図 5-11

After

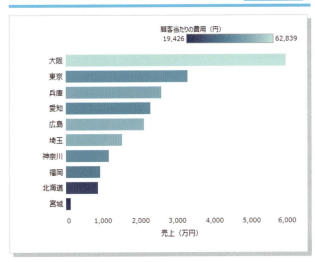

図 5-12

課題

強調すべき要素と色使いが直感と合わない

解説

図5-11は売上の棒グラフに色で「顧客当たりの費用（円）」が視覚化されていますが費用なので一般的に少ないほうが良いことになります。

しかし、ここでのグラデーションは金額が大きいほど濃くなっており、一見すると一番上の「大阪」が一番大きくて「良い」ような印象を与えてしまいます。

もしも費用が少ない都道府県を強調したいならば、図5-12のように色使いを逆転させるほうが、意図した要素に焦点が集まります。

一方、費用が高い都道府県に対し、警告として強調したいならば、図5-11でも違和感はありませんが、警告を示唆するならば赤系の色を使う方がより効果的です。この点については次項【色の基本⑥　色の持つイメージを意識する】で解説します。

何を伝えたいのか、を常に意識して色使いを決めましょう。

改善策

強調したい要素を濃くし、作り手の意図と色使いを連動させる

5-6 色の持つイメージを意識する

色の基本⑥

Before

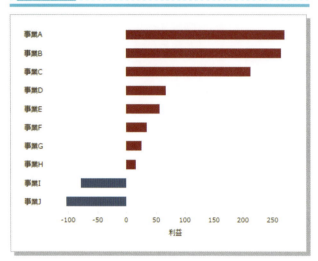

図5-13

After

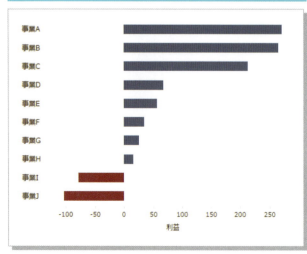

図5-14

課題
色のイメージと色使いが合致しない

解説

　図5-13では、プラスの利益が赤色、マイナスが青色となっています。一般的に「赤字」というように、赤は直感的にマイナスを連想します。従って、図5-13の色使いは直感的なイメージと数値が一致しない、違和感のあるチャートとなっています。
　一方、図5-14はどうでしょう？マイナスが赤になっており、色の凡例を示さなくても自然に認識ができます。
　なお、基本的にコーポレートカラーやブランドカラーを良否の「良」の色に使用することはオススメしません。色が持つイメージと、チャート上で色が持つ意味との間に乖離が生じ、読み手側はその都度その色の意味を考える必要が出るためです。
　また、読み手の文化的背景によっては赤が「良」のイメージを持つ場合もあり、意図したイメージが伝わらない可能性があることも念頭に置いておきましょう。

改善策
マイナスを赤に変更し、解釈しやすくする

5-7 色の基本⑦ 一つの色に一つの役割

Before

図 5-15

After

図 5-16

課題

同じレポート上で、同じ色が別の意味を持っている

解説

　図5-15では、上部の折れ線グラフでトレンドを、下部の積上げ棒グラフで直近の事業別構成を表現しています。

　この時、折れ線グラフの青は「北海道・東北」を、棒グラフの青は「事業A」を示しています。読み手の思考フローとしては、折れ線とその凡例を見て青が「北海道・東北」と認識した後、下の棒グラフに目を移して青が別の意味であることを理解します。一度頭をリセットして青を「事業A」に置き換えなければならず、読み手に対して余計な負荷を強いている視覚化事例と言えます。

　例えば、図5-16のように配色を重複させないようにすると、色と意味が一意に定まるため情報が読み取りやすくなります。

改善策

配色を重複させず、色と意味が一意に定まるようにする

5-8 誰にでも優しい配色を

色の基本⑧

Before

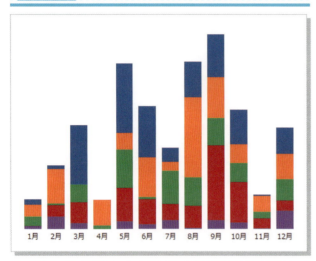

図5-17

After

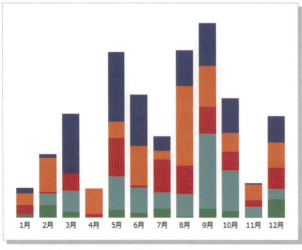

図5-18

課題

見分けづらい可能性のある配色となっている

解説

普段の生活の中では意識する機会は少ないかもしれませんが、日本眼科学会によると特に男性には約5%の先天性色覚異常（主に2型色覚）があると言われます（参考URL：http://www.nichigan.or.jp/public/disease/hoka_senten.jsp）。

色に情報を持たせた場合、右ページのように色の識別が困難となってしまうと正確な情報が伝わらなかったり、誤認を招く可能性があります。色の組み合わせを変更することにより、そのリスクは大幅に下げることが可能です。

図5-18では、色覚異常がある方でも見やすい配色を用いています。これにより作り手が意図している識別を正確に伝えることが可能です。

また、使用する色数が増える場合、識別が難しい色（例えば赤系と緑系）が隣り合わせにならないようにすることをオススメします。

改善策

誰にとっても見分けやすい配色に変更する

オリジナルの画像が左側であるのに対し、最も対象者数の多い「2型色覚」でどのように見えるかをシミュレーションした結果が右側となります。

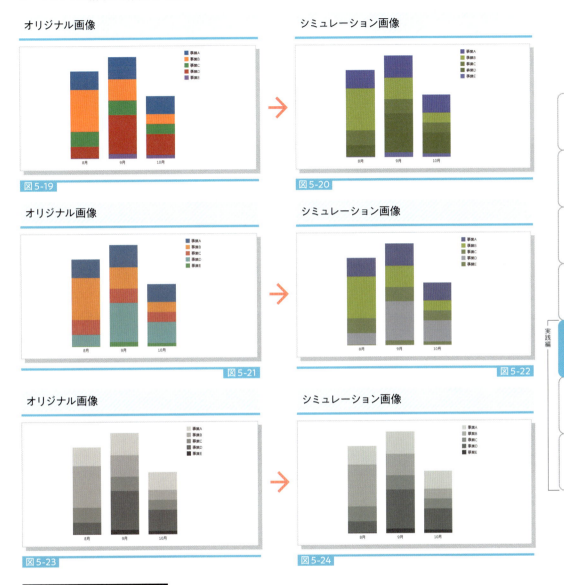

シミュレーション結果とその解説

　図5-19及び図5-20の配色の場合、「事業C」と「事業D」の境界が見分けづらくなっていますが、図5-21及び図5-22の色分けであればその点が解消されます。図5-23及び図5-24のようなグラデーション配色も有効ですが、色の数が増えると隣り合う色の識別がしづらくなるので注意が必要です。

　色の見え方については、Color Oracle(https://colororacle.org/)などで簡単に確認することが可能です。例えばColor Oracleの場合、2型色覚(Deuteranopia)の他、1型色覚(Protanopia)や3型色覚(Tritanopia)、モノクロ(Grayscale)を選ぶこともできます。

　特に大勢の人数が読み手となるレポートなどでは、ユニバーサルデザインを意識した配色を心がけましょう。

5-9 無意味な背景色を使わない

色の基本⑨

Before

	数量	売上（万円）	利益率
製品A	552	10,267	16%
製品B	674	9,300	18%
製品C	363	3,651	15%
製品D	701	2,188	16%
製品E	726	1,138	18%
製品F	817	465	18%
製品G	1,133	1,394	13%
製品H	934	4,579	2%
製品I	718	9,118	6%
製品J	733	4,528	16%
製品K	690	1,069	19%
製品L	746	1,418	15%

図 5-25

課題
背景色によるグルーピングに意味がない

解説
　図5-25では2行ごとに背景色が設定されています。この2製品のグループ分けそのものに意味がないとすると、おそらく作り手は「なんとなくわかりやすくなるように」色を分けたと考えられます。

　こういった色や線による囲い込みがある場合、【3-2：視覚属性とゲシュタルトの法則】で解説したように、読み手は直感的にグループであると解釈してしまいます。

　つまり、誤認を招く可能性があります。

　シンプルに横に読みやすくするだけであれば、図5-26のように交互に設定したほうが余計な誤解を与えない形になります。なお、背景色や仕切りとなる線を濃く設定してしまうと、それがノイズとなり余計な情報が増えてしまい、シンプルに数値を伝える、という目的には逆効果となるので注意しましょう。

改善策
配色を交互に行い、余計な解釈の余地を残さない

After

	数量	売上（万円）	利益率
製品A	552	10,267	16%
製品B	674	9,300	18%
製品C	363	3,651	15%
製品D	701	2,188	16%
製品E	726	1,138	18%
製品F	817	465	18%
製品G	1,133	1,394	13%
製品H	934	4,579	2%
製品I	718	9,118	6%
製品J	733	4,528	16%
製品K	690	1,069	19%
製品L	746	1,418	15%

図 5-26

違和感のある背景色の例

			売上（万円）	数量	利益率
製品A	2015	Q1	861	61	23%
		Q2	1,283	86	24%
		Q3	1,654	106	19%
		Q4	901	76	23%
	2016	Q1	828	45	20%
		Q2	1,976	133	19%
		Q3	1,711	82	10%
		Q4	2,731	159	16%
	2017	Q1	819	52	17%
		Q2	1,665	111	17%
		Q3	1,842	114	14%
		Q4	1,400	113	15%
	2018	Q1	1,002	55	24%
		Q2	2,966	153	11%
		Q3	3,041	167	19%
		Q4	3,258	177	14%

図5-27

類似の事例

　図5-27は類似の事例ですが、どこに問題があるのでしょうか？

　背景色が四半期からスタートしていますが、色を付けているグループとしては年単位になります。読み手としては数値を読み取った時に、背景色のあるグループが何に該当するかを確認しようとします。色のグループは「年」で定まりますので、そこまで配色をしたほうが読み取りやすくて自然と言えます。

　図5-28のように年単位まで引き延ばすか、四半期の数値により着目させたいのであれば図5-29のように四半期単位の配色に切り替えることをオススメします。

改善策①

			売上（万円）	数量	利益率
製品A	2015	Q1	861	61	23%
		Q2	1,283	86	24%
		Q3	1,654	106	19%
		Q4	901	76	23%
	2016	Q1	828	45	20%
		Q2	1,976	133	19%
		Q3	1,711	82	10%
		Q4	2,731	159	16%
	2017	Q1	819	52	17%
		Q2	1,665	111	17%
		Q3	1,842	114	14%
		Q4	1,400	113	15%
	2018	Q1	1,002	55	24%
		Q2	2,966	153	11%
		Q3	3,041	167	19%
		Q4	3,258	177	14%

図5-28

改善例②

			売上（万円）	数量	利益率
製品A	2015	Q1	861	61	23%
		Q2	1,283	86	24%
		Q3	1,654	106	19%
		Q4	901	76	23%
	2016	Q1	828	45	20%
		Q2	1,976	133	19%
		Q3	1,711	82	10%
		Q4	2,731	159	16%
	2017	Q1	819	52	17%
		Q2	1,665	111	17%
		Q3	1,842	114	14%
		Q4	1,400	113	15%
	2018	Q1	1,002	55	24%
		Q2	2,966	153	11%
		Q3	3,041	167	19%
		Q4	3,258	177	14%

図5-29

5-10 無駄な枠線はつけない - 棒グラフ

装飾の基本①

Before

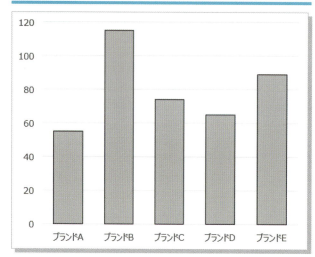

図5-30

After

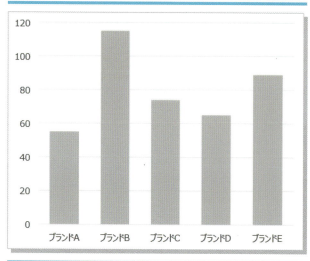

図5-31

課題

棒グラフの枠線が直感的な理解を妨げている

解説

　図5-30の棒グラフには枠線がついていますが、見慣れていてあまり違和感を感じないかもしれません。

　図5-31と見比べて見てください。パッと見て、長さの違いが頭に残るのはどちらでしょうか？

　このような枠線による囲いが存在すると、まず枠線そのものに目が行き、その後に棒の長さを認識します。つまり、ワンステップ無駄な処理が頭で走ることになり、直感的な理解を妨げてしまいます。

　図5-31のように枠線が無くても伝えたいことは正確に伝わります。

　どうしても枠線を使いたい場合には、棒の色よりも目立たない配色をオススメします。

改善策

無駄な情報として枠線を排除する

5-11 | 無駄な枠線はつけない - 数表

装飾の基本②

Before

製品名	数量	売上（万円）	利益率
製品A	552	10,267	16%
製品B	674	9,300	18%
製品C	363	3,651	15%
製品D	701	2,188	16%
製品E	726	1,138	18%
製品F	817	465	18%
製品G	1,133	1,394	13%
製品H	934	4,579	2%
製品I	718	9,118	6%
製品J	733	4,528	16%

図 5-32

After

製品名	数量	売上（万円）	利益率
製品A	552	10,267	16%
製品B	674	9,300	18%
製品C	363	3,651	15%
製品D	701	2,188	16%
製品E	726	1,138	18%
製品F	817	465	18%
製品G	1,133	1,394	13%
製品H	934	4,579	2%
製品I	718	9,118	6%
製品J	733	4,528	16%

図 5-33

課題

数表の枠線が直感的な理解を妨げている

解説

図5-32の数表はセルごとに枠線（＝罫線）をすべて引いています。本来、このような枠線には値を読み取るための補助線の役割を期待しますが、すべての枠を区切ると、枠線が目立ってしまい、数値を直感的に理解しづらくなります。この程度の行数や列数では、線が無くても誤認することはまずありません。

図5-33には枠線はありませんが、利益率2％と低迷するのが製品Hであることはすぐに特定できます。

つまり、図5-32の枠線は削除しても問題のない情報（＝ノン・データインク）と言えます。

表の枠線は、全くない状態から最低限必要というものを付加する形がオススメです。

図5-33にあえて加えるならば、行の境界線（横線）を薄く引いたり、行の背景色を薄く配色することをオススメします。

改善策

数表の枠線は必要最低限に抑える

5-12 無駄な装飾はしない - 棒グラフ

装飾の基本③

Before

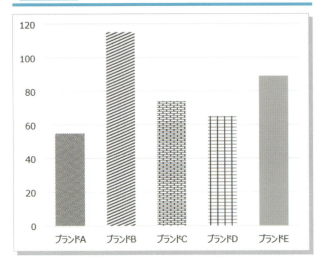

図5-34

課題

過度な装飾が直感的な理解を妨げている

解説

　図5-34は少し極端な例です。ソフトウェアにその機能があるがために、ついつい使いたくなる気持ちも理解できますが、そもそもの視覚化の目的に立ち止まってみましょう。

　インフォグラフィクスのように、まずは人目を惹くことが主目的となる場合には有効かもしれません。しかし、棒グラフの本来の用途である、量の相対比較をする、ことが主目的だったのであれば、適切とは言えません。個々の装飾に意識が向いてしまい、長さの比較を直感的に行うことが難しくなっているためです。

　例えば、5秒間ほど図5-34を見た後、目をつむってみてください。印象に残っているのは棒の長さでしょうか、それとも棒の柄でしょうか？おそらく後者ではないでしょうか？

　正確に素早く量の比較を伝えたいのであれば、図5-35のようなシンプルな棒グラフで問題ありません。

After

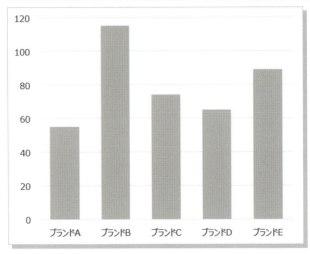

図5-35

改善策

無駄な装飾を排除する

5-13 | 無駄な装飾はしない – 折れ線グラフ

装飾の基本④

Before

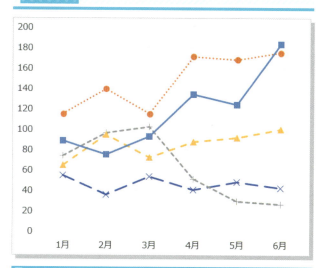

図5-36

課題

過度な装飾が直感的な理解を妨げている

解説

図5-36は折れ線そのものと数値を持つすべての点に対して、装飾が施されています。

チャート上の装飾が多いことで、折れ線が本来持っているトレンド（＝傾向）を把握しづらくなり、その印象も頭に残りづらくなります。

図5-37のように、色以外の装飾要素を全て削った折れ線グラフでも、図5-36で伝えたかった情報は十分伝わるのではないでしょうか？

もしも伝わるならば無駄な情報は排除することをオススメします。

改善策

無駄な装飾を排除する

After

図5-37

5-14 太過ぎず細過ぎず – 棒グラフ
装飾の基本⑤

Before

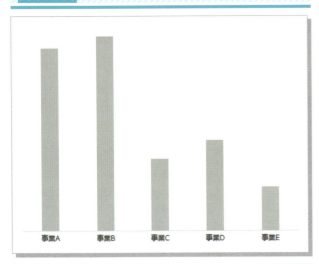

図 5-38

After

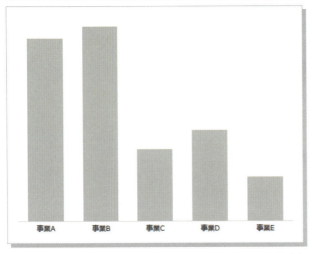

図 5-39

課題
棒グラフの間隔が広く、余白のほうが目立っている

解説
　図5-38では棒グラフが細く、間隔が広く空いてしまっているため、過度に余白が目立つ結果となっています。

　長さの比較を行うために棒グラフを用いているにも関わらず、距離が間延びしていくと、比較がしづらくなってしまいます。

　目安としては、図5-39のように棒の幅の半分程度にすると、適度で見やすい棒グラフとなります。

改善策
棒の幅を広げ、棒と棒の間隔を少し狭める

Before

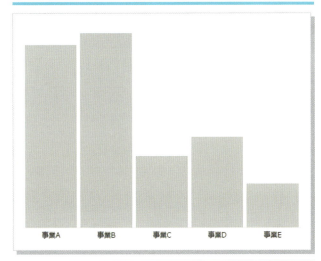

図 5-40

課題

棒グラフの間隔が狭く、個々の長さが目立たない

解説

　一方、図5-40は棒グラフが太く、間隔が狭い例です。この場合はむしろ棒の長さより全体を面として認識しやすくなります。つまり、棒グラフに期待する役割が弱まり、当初の比較目的からはズレてしまいがちです。

　改善策の図5-41は前ページと全く同じですが、棒の長さで個々の量を比較したいのであれば、図5-40よりも少し間隔を広くした図5-41のほうが適切と言えます。

改善策

棒の幅を狭め、棒と棒の間隔を少し広げる

After

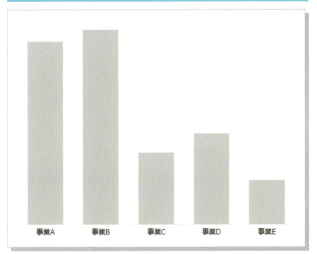

図 5-41

5-15 太過ぎず細過ぎず - 折れ線グラフ

装飾の基本⑥

Before

図5-42

After

図5-43

課題

折れ線グラフが太く、細かい動きが分かりづらい

解説

　図5-42では折れ線グラフが太いため、細かな動きが分かりにくくなっています。

　適正な太さに関しては、グラフの大きさ、期間、データの特徴（変動の大きさ）などにも依存してしまうものの、結果的に太過ぎると変化が読み取りにくくなり、逆に細過ぎると見づらくなります（次ページ参照）。

　図5-43では、図5-42から太さを少し細くして、細かな変化も視覚化されるようにしました。横軸の線の太さに比べると当然折れ線のほうが太くすべきです。こうすることでグラフを見た時に折れ線の情報がストレートに頭に入りやすくなっているかと思います。

改善策

細かい動きが把握できる太さに調整する

図 5-44

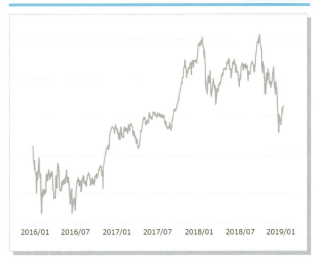

図 5-45

課題

折れ線グラフが細く、肝心のグラフの動きが見づらい

解説

図5-44は折れ線グラフが細いパターンです。この図では目盛線を入れていますが、目安として、目盛線よりは明確に太くすべきです。目盛線は補助線であり、注目してもらうべきが折れ線であることは明白だからです。

図5-45のように、グラフを少し太くするだけでも印象は大きく変わります。

改善策

折れ線の太さは目盛線よりも太くする

5-16 目盛り線は控えめに

装飾の基本⑦

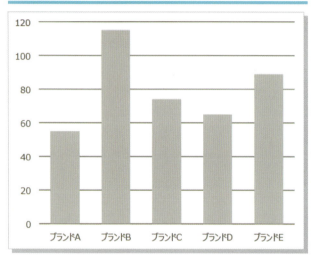

図5-46

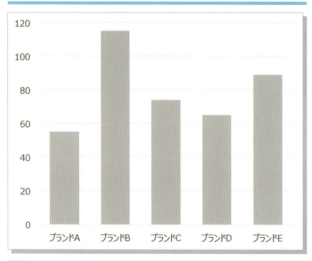

図5-47

課題

目盛の線が必要以上に目立っている

解説

図5-46では棒グラフの数値がわかりやすいよう親切に目盛線が濃く引かれています。

しかし、棒グラフは本来、複数の項目のボリューム感を相対比較するものです。つまり、棒の長さの比較が最も重要なのであって個々の数値がいくらかは二番手以下の要素です。

目盛線のほうが目立ってしまうと、棒の長さの比較時には直感的な理解を妨げる要因になりえます。

図5-47のように、薄く線を引いても十分目盛線としての機能は果たします。目盛や目盛線はあくまで脇役です。

もしも細かな数値情報の確認が最優先で必要ならば、数表を用いたり、棒グラフの上に表示する形で値を明示することをオススメします。

改善策

脇役の目盛線は目立たない色にする（または線は削除する）

5-17 ラベルを付け過ぎない

装飾の基本⑧

Before

図5-48

After

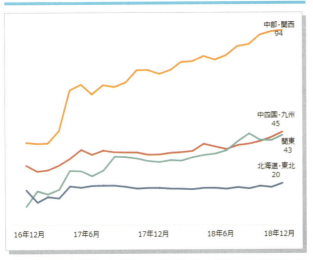

図5-49

課題

折れ線上の全ての点にラベルがあり煩わしい

解説

　図5-48のように、細かい値も見たい、という読み手のニーズに応えるべく、全ての点にラベルを付けてしまうことも良くあるかもしれません。この例は折れ線グラフですが、棒グラフなどでも同様です。

　しかし、これでは情報量が多過ぎて読み手の負荷が非常に大きく、折れ線本来が持つトレンド情報が頭に入りづらくなってしまいます。

　トレンドを把握してもらうことが目的ならば、図5-49のようにラベルを直近の値などに絞り込むと、トレンド把握と同時に、直近の数値も入手でき、必要な情報を効果的に情報を伝えることができます。

改善策

ラベルは重要な要素のみ表示し、他は極力排除する

5-18 | 無駄な装飾排除のステップ

装飾の基本⑨

Before

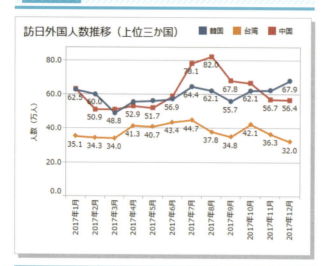

図5-50

After

図5-51

課題

要素が多く、何が伝えたいか分かりづらい

解説

　図5-50はいろいろな情報が読み取れるよう、折れ線上の印や数値のラベル、縦軸の目安となる罫線など「全部入り」な状態です。

　このチャートは果たして効果的なのでしょうか？

　折れ線グラフはトレンドを見ることを主目的とする場合に有効なチャートですが、情報が多すぎてしまうと結果的にそれがノイズとなり、肝心のトレンド情報が印象に残りづらくなってしまいます。

　一方、図5-51のような極めてシンプルな折れ線グラフにした場合はどうでしょう？情報が限られていることもあり、ストレートに各国のトレンドが頭に入ってくるのではないでしょうか。

　今回は、どのような観点で図5-50から図5-51に改善していったのか、次のページで順を追って見ていきましょう。

　ここでもノン・データインクの観点を意識して改善します。

改善策

ノイズとなる情報を排除し、シンプルな折れ線グラフに変更する

①まず、枠線や罫線のインク量を減らします。枠線は不要な情報であり、縦軸、横軸も目立つ必要はありません。グラフ内の罫線はあくまで補助線なので、削除する、または薄い色にします。

②次に軸のラベルを改善します。縦軸に小数点を表示する必要性は無いですし、人数であることはタイトルから明らかです。読みづらい横向きの文字列も、位置の変更や年と月の分離で解消します。

図 5-52

図 5-53

③トレンドを見ることが主目的であれば、チャート上のラベルも折れ線上のマークも色の凡例も不要です。これでかなりシンプルになりました。
　さらに罫線や縦軸のラインも思い切って取り除くと図 5-51 になります。

④どうしても細かい数値が見たいという要望に対しては、折れ線グラフと数表を組み合わせた図 5-55 も改善案になりえます。トレンドと数値を共存させることが可能です。

図 5-54

図 5-55

5-19 3Dチャートは使わない - その1

装飾の基本⑩

Before

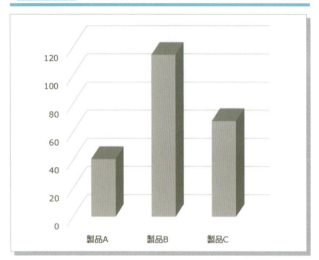

図5-56

After

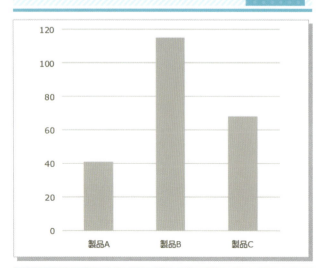

図5-57

課題

3Dチャートでは正確な情報が伝わらない

解説

読み手に対して、データをわかりやすく効果的かつ正確に伝えることを重要視するデータ視覚化の考え方においては、3Dチャートは不適切なチャートに該当します。

Beforeの図5-56は3Dの棒グラフですが製品Cの値がパッと見て理解できるでしょうか？

直感的には棒の最上部から縦軸のラベルを水平に見てしまい、80のように感じますが、罫線を辿ると60であり、直感的に理解する値と異なります。実は、次ページにあるように、この製品Cの値は68です。読み手が負荷をかけて罫線を辿って読んだとしても値が異なるというオチまでついています。

誤認のリスクも伴うため、情報を正確に伝えることが目的であるならば、3Dチャートは利用しないことをオススメします。

改善策

3Dは使用せず、グラフはシンプルに

①製品Cは80くらいか。

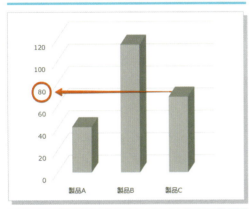

図5-58

②あ、罫線が折れ曲がっているから60か。気付いて良かった。

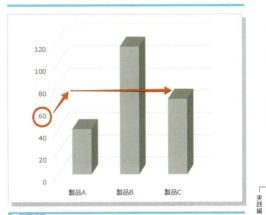

図5-59

③ところが、傾きを戻してみると……。

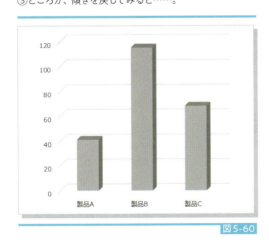

図5-60

④実際は、まさかの70弱……（正確には68）。

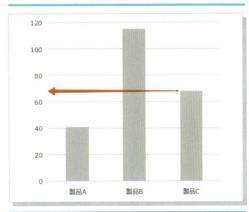

図5-61

5-20 | 3Dチャートは使わない – その2

装飾の基本⑪

Before

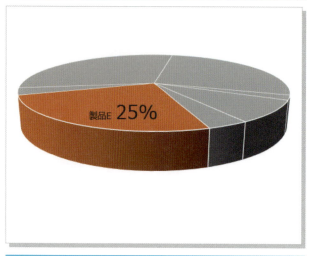

図5-62

After

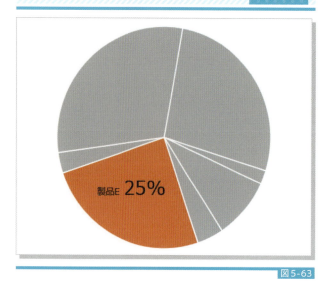

図5-63

課題

正確な事実が伝わらないだけでなく、歪曲された情報伝達を助長している

解説

　図5-62のような3Dチャートも使用すべきではありません。3Dによる傾斜が正確な情報伝達ではなく事実の歪曲を助長しています。

　特定の値を過度に強調すべく、実際に印象操作を目的として3Dチャートが使用されているシーンも見かけます。これは、読み手の誤認を期待した不誠実なテクニックと言えます。

　3Dチャートにこの性質があることはデータビジュアライゼーションの領域では周知の事実であり、タブーの一種とされています。作り手が仮に意図していなかったとしても、恣意的に印象操作していると受け取られる可能性があるため注意が必要です。

　情報を正確に伝達する上では、3次元を選択する理由はどこにもありません。

改善策

3Dは使用せず、グラフはシンプルに

不適切な事例①

図5-64

不適切な事例②

図5-65

適切な視覚化例

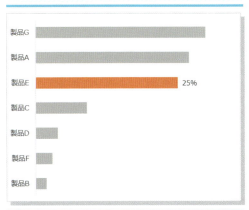

図5-66

不適切な事例

　図5-64や図5-65からは悪意すら感じます。特に図5-65は、事実と印象が全く異なり、限りなく嘘に近い視覚化と言えます。図5-64も、切り離すことによって比較が難しくなっています。もはや、数値を正しく伝える意図はどこにも感じられません。

　読み手に対して誠実に、正確な情報を素早く伝えたいのであれば2次元にするだけでなく、図5-66のような降順での棒グラフが適しています。

5-21 量の比較は棒グラフ

棒グラフの基本①

Before

	2014	2015	2016	2017	2018
ブランドA	60,834	65,159	67,378	68,215	67,531
ブランドB	67,438	54,765	47,233	49,036	51,958
ブランドC	45,645	46,229	50,571	52,527	50,982
ブランドD	31,413	29,414	28,502	28,336	26,473
ブランドE	17,596	21,083	24,548	25,427	25,984
ブランドF	13,277	13,510	14,553	15,764	17,392
ブランドG	45	38	793	2,987	14,130
ブランドH	23,200	20,481	17,824	14,899	12,169

図5-67

課題

細かい数値は把握できるが、相対的な量の比較が難しい

解説

　図5-67は一般的な帳票です。しかし、例えば業績を評価する上で各年度での順位が重要となる場合、帳票ではどのブランドが1位であるかを見つけることも一苦労です。

　図5-68の棒グラフではどうでしょうか？各年度で1位のブランドには別の色を使っているため一目で認識できることは当然として、2位以下の順位についても視覚的に把握しやすくなっています。

　このチャートで何を読み取って欲しいのか、数表から棒グラフに変更するだけで、伝わり方は劇的に変わり、読み手の負荷も大きく軽減します。

改善策

数表から棒グラフに変更する

After

図5-68

5-22 軸は必ずゼロスタート

棒グラフの基本②

Before

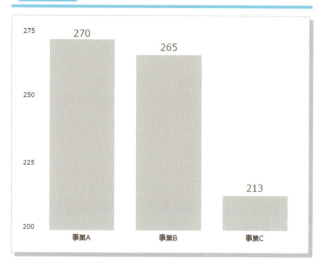

図 5-69

After

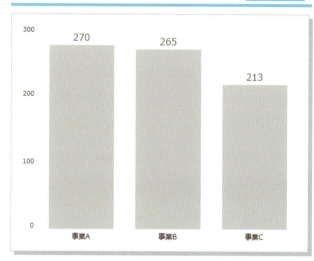

図 5-70

課題

軸の始点をカットしたため、差が過度に強調される

解説

図5-69は、棒グラフの縦軸がカットされており、スタートが200になっています。同様のグラフは様々なシーンで見かけますが、データビジュアライゼーションの観点においてこれは印象操作と同等と捉えられ、基本的にNGとなります。

作り手は悪意なく、単純にその差をわかりやすくするために軸をカットしたのかもしれません。しかし、棒グラフはその長さで差を比較しやすくするためのもので、長さがカットされてしまうと全体量における差が認識できなくなり、事実を歪曲して伝達することになります。

図5-70のように棒グラフの軸は必ずゼロからスタートしましょう。

改善策

軸の始点をゼロに変更する

5-23 比較本数は増やし過ぎない

棒グラフの基本③

Before

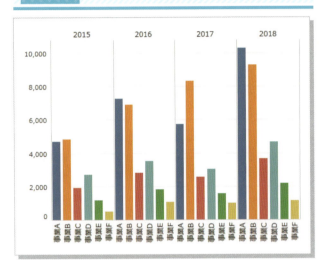

図 5-71

After

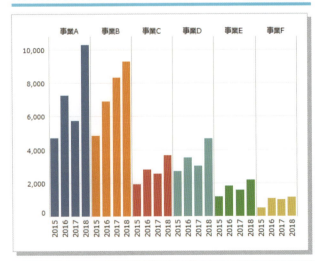

図 5-72

課題

比較対象となる本数が多く、わかりづらい

解説

図5-71の棒グラフでは各年ごとに6本の棒が並んでいます。

作り手の意図として、特定の年の中で事業間の比較をしつつ各年のトレンドも見せたい、という感じでしょうか。

残念ながら、一番伝えたいことが何であるのか、という作り手の意図が伝わりにくいチャートになっています。

棒グラフの項目数が5本、6本と増えてきてしまうと、比較が難しくなってきます。種類が多くなり、目が棒の長さと項目名を行ったり来たりしてどうしても確認が必要になってしまうためです。

例えば図5-72のように、事業ごとに区切った上で年ごとの推移をみる形にすると、印象は大きく変わります。

各事業での棒は4本となったことで年ごとの動きが見やすくなり、事業間のスケール（規模感）の違いも容易に読み取ることが可能になっています。

改善策

切り口を変更し、棒の比較対象本数を少数にする

代替案①　事業ごとの規模感の違いを強調したい場合

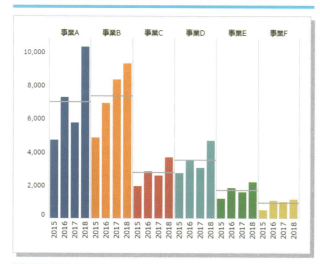

図 5-73

キーポイント

　図 5-73 と図 5-74 は別の改善策です。

　各事業の規模感をもう少しはっきり見せたい場合、例えば図 5-73 のように各事業の平均線を参照用に引いておくと、その比較が容易になりますし、読み手に対して、「規模感を伝えたい」という作り手の意思表示にもなります。

　一方、よりトレンドを意識させたい場合や、各年における各事業の位置関係（順位）を見せたい場合には、図 5-74 のような折れ線グラフのほうが適しています。

　読み手に対して何を最も伝えたいのか、常に意識してチャートを選びましょう。

代替案②　絶対値の大きな要素を強調したい場合

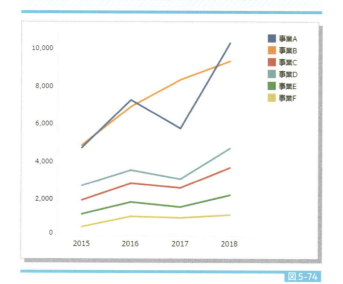

図 5-74

107

5-24 並び順に意味を持たせる

棒グラフの基本④

Before

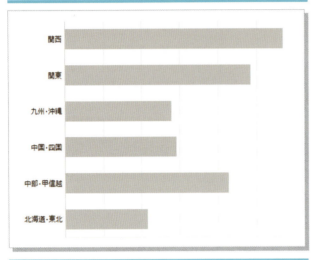

図 5-75

課題

棒グラフの並び順が意味を持っていない

解説

図5-75のような棒グラフを最近良く見かけるようになりました。

Excelの場合であれば、数表を手作業で作った上でグラフ化するケースが多く、数表作成の時点で並び順を意味のあるものに変更してしまうと発生しないのですが、BIツールなどを用いてデータベース等から直接作表すると、デフォルト設定のままではアルファベット順で並んでしまいます。

日本語の場合はアルファベットと日本語だけでなく、平仮名カタカナと漢字が混在し、機械的な50音順では実際の読み方に適した並び順になることはほぼありません。それでは直感的に理解がしづらくなってしまいます。並び順を意識的に制御しないと、結果的に非常に読み取りづらいチャートになります。

図5-76のように例えば降順に並べると読み取りやすくなるほか、ランキング表としての役割も果たし、効果的に情報を伝えることができるようになります。

After

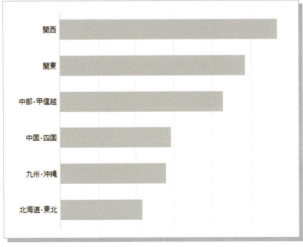

図 5-76

改善策

比較項目を降順に並び替える

代替案　地理的位置関係で項目を並べる

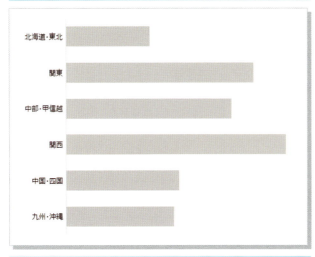

図 5-77

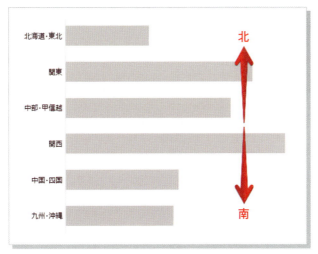

図 5-78

キーポイント

今回のような「エリア」や「国」、「都道府県」などの場合であれば、別の改善策として地理的位置関係で並べ替えることが可能です。

図5-77に示した並び順は、図5-78に示したように、北から南へと順番が固定的に制御されており、とても自然で読み手にとって受け入れやすいものとなっています。結果として、日本の中央部でのボリュームが大きいことが一目瞭然です。

図5-76とは異なり、ランキングの意味合いは持たない一方、地理的位置関係は不変のため、毎回のレポートで項目の相対位置が変化することはありません。定例レポートでの視覚化などでは、毎回同じ並びで見ることができるほうが、項目名やその位置関係を記憶することで毎回確認する手間がなくなり、読み手の負荷が軽減されることになります。

また、図5-76ではランキング表の意味合いを持った結果として、データ更新ごとに並び順が毎回変わる可能性があり、項目名を常に確認しながらグラフを見る必須があります。定期的なレポートの場合、図5-77のように、項目名の位置を固定したほうが直感的に素早く状況を早く把握できる可能性があります。活用シーンによって使い分けを検討しましょう。

5-25 | トレンド把握は折れ線グラフ

折れ線グラフの基本①

Before

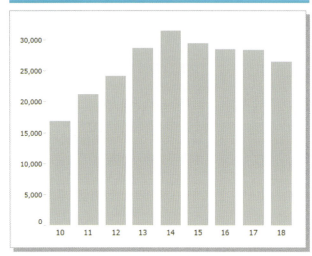

図 5-79

After

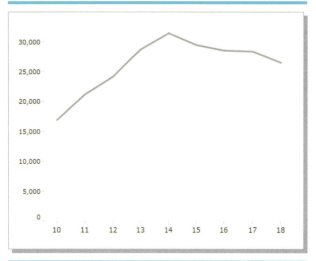

図 5-80

課題

全体としてのトレンドが把握しづらい

解説

棒グラフは個々の棒の長さで各項目を比較することは得意ですが、全体のトレンド把握には必ずしも適していません。

図 5-79 の場合、18 年が他の年と比べてどうだったかを見る目的であれば棒グラフでも問題はありませんが、10 年からどういうトレンドで今に至っているのかを把握することが目的であれば、折れ線グラフのほうが直感的にその流れを理解できるようになります。

棒グラフでは「トレンドが分からない」というものではありませんが、「流れ」を理解するのであれば連続性のある「折れ線」がより適切です。

改善策

棒グラフから折れ線グラフに変更する

5-26 軸はカットしてもOK

折れ線グラフの基本②

Before

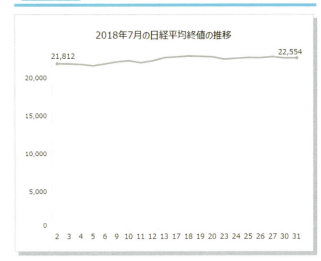

図5-81

After

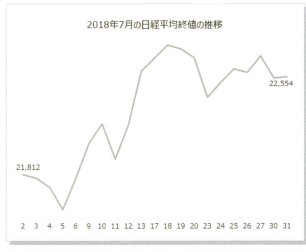

図5-82

課題

軸をゼロスタートにすると、変動が少なくトレンドが見えづらい

解説

　図5-81は日経平均の1か月のトレンドを示したものです。日経平均は単月で数千円の振れ幅が出るようなことは稀で、最近は2万円前後を推移しています。このような数値のトレンドを視覚化する場合、ゼロを軸のスタートにしてしまうと振れ幅が小さくてトレンドが見えません。

　しかし、日に数百円レベルの振幅は常時発生し、実体経済への影響も大きいため、トレンドを把握する必要性は高く生じます。

　図5-82のように、期間内の最大値と最小値が収まるような幅で折れ線を描くとトレンドが非常に見やすくなります。また、最初と最後の値を明示することでスケール感も伝えられるため、縦軸を省略してよりシンプルに仕上げています。

　折れ線グラフの最も重要な役割は、その線の傾きによりトレンドを見るものです。ゼロスタートにこだわる必要はありません。

改善策

軸をカットし、トレンドを表現しやすくする

5-27 折れ線グラフの基本③ | 上下に余白を持つ

Before

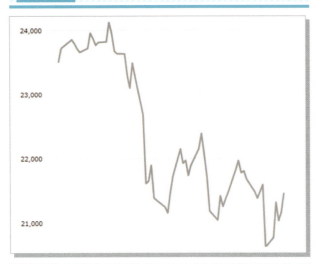

図5-83

After

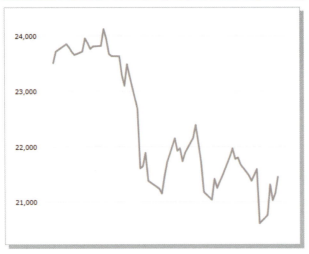

図5-84

課題

上下に目いっぱい折れ線グラフを描くとトレンドが過度に強調される

解説

図5-83のように、グラフの上下にほとんど余白をとらずに折れ線グラフを作図してしまうと、上下の振幅が過度に強調される恐れがあります。前項【折れ線グラフの基本② 軸はカットしてもOK】にあるように、折れ線グラフはゼロスタートである必要はありませんが、特にその場合に余白を全くとらないと読み手に誤った印象を与える可能性があるので注意しましょう。

上下それぞれに10~20%程度の余白を持たせると、過度な強調を抑えることができます。図5-84は上下各10%程度の余白をとっていますが、この程度の余白は保つことをオススメします。

改善策

上下に少し余白を持たせる

余白を大きく取り過ぎた場合

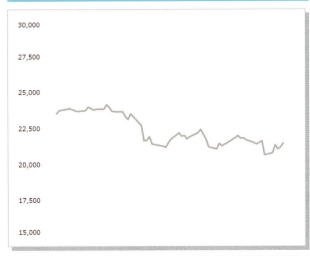

図5-85

上下各20%程度の余白の場合

図5-86

キーポイント

　余白はただ取れば良いと言うものではありません。余白が大きすぎると、傾向が伝わりにくくなる可能性があります。図5-85は、軸をカットしてはいますが、上下の余白が大きすぎて、下落トレンドを過少に表現しているとも言えます。これでは不適切と言えます。

　図5-86では、上下に各20%程度の余白をとっていますが、チャート上下の半分以上（6割）を使用するこの程度までを余白の上限の目安にすると良いと思います。

5-28 並び順を常に意識する

数表の基本①

Before

J.LEAGUE 年間成績表 - 2018年

チーム名	試合	勝	分	敗	勝点	得点	失点	得失点差
ＦＣ東京	34	14	8	12	50	39	34	+5
V・ファーレン長崎	34	8	6	20	30	39	59	-20
ヴィッセル神戸	34	12	9	13	45	45	52	-7
ガンバ大阪	34	14	6	14	48	41	46	-5
サガン鳥栖	34	10	11	13	41	29	34	-5
サンフレッチェ広島	34	17	6	11	57	47	35	+12
ジュビロ磐田	34	10	11	13	41	35	48	-13
セレッソ大阪	34	13	11	10	50	39	38	+1
ベガルタ仙台	34	13	6	15	45	44	54	-10
浦和レッズ	34	14	9	11	51	51	39	+12
横浜F・マリノス	34	12	5	17	41	56	56	+0
鹿島アントラーズ	34	16	8	10	56	50	39	+11
湘南ベルマーレ	34	10	11	13	41	38	43	-5
清水エスパルス	34	14	7	13	49	56	48	+8
川崎フロンターレ	34	21	6	7	69	57	27	+30
柏レイソル	34	12	3	19	39	47	54	-7
北海道コンサドーレ札幌	34	15	10	9	55	48	48	+0
名古屋グランパス	34	12	5	17	41	52	59	-7

図5-87

課題

並び順に意味がなく、目的の数値が探しづらい

解説

図5-87は国内プロサッカーリーグの2018年の成績表なのですが、チーム名が機械的な50音順に並んでいます。【棒グラフの基本④　並び順に意味を持たせる】でも示したように、機械的な50音順では正しく並びません。この例では「うらわ」「よこはま」「かしま」の順で並んでしまっています。

数表は特定の項目について、その数値を精緻に確認する目的に適したチャートです。表頭や表側が不適切な並び順で並んでしまうと「特定の項目」の検出に時間がかかり、極めて読み取りづらい数表になってしまいます。

一方、図5-88は勝点をキーとした順位の昇順で並べています。通常目にする成績表もこの形が多いため自然に感じると思いますが、意図を持って並べてあるからこそ直感的に理解しやすくなります。

数表を作る際は読み手が理解しやすい並び順を常に意識しましょう。

After

J.LEAGUE 年間成績表 - 2018年

順位	チーム名	勝点	試合	勝	分	敗	得点	失点	得失点差
1	川崎フロンターレ	69	34	21	6	7	57	27	+30
2	サンフレッチェ広島	57	34	17	6	11	47	35	+12
3	鹿島アントラーズ	56	34	16	8	10	50	39	+11
4	北海道コンサドーレ札幌	55	34	15	10	9	48	48	+0
5	浦和レッズ	51	34	14	9	11	51	39	+12
6	ＦＣ東京	50	34	14	8	12	39	34	+5
7	セレッソ大阪	50	34	13	11	10	39	38	+1
8	清水エスパルス	49	34	14	7	13	56	48	+8
9	ガンバ大阪	48	34	14	6	14	41	46	-5
10	ヴィッセル神戸	45	34	12	9	13	45	52	-7
11	ベガルタ仙台	45	34	13	6	15	44	54	-10
12	横浜F・マリノス	41	34	12	5	17	56	56	+0
13	湘南ベルマーレ	41	34	10	11	13	38	43	-5
14	サガン鳥栖	41	34	10	11	13	29	34	-5
15	名古屋グランパス	41	34	12	5	17	52	59	-7
16	ジュビロ磐田	41	34	10	11	13	35	48	-13
17	柏レイソル	39	34	12	3	19	47	54	-7
18	V・ファーレン長崎	30	34	8	6	20	39	59	-20

図5-88

改善策

数表を成績順に並べ替える

5-29 数値は桁を合わせて右揃え

数表の基本②

Before

製品名	数量	売上（万円）	利益率
製品A	552	10,267	16%
製品B	674	9,300	18%
製品C	363	3,651	15%
製品D	701	2,188	16%
製品E	726	1,138	18%
製品F	817	465	18%
製品G	1,133	1,394	13%
製品H	934	4,579	2.9%
製品I	718	9,118	6.2%
製品J	733	4,528	16%

図 5-89

課題

数値の配置がバラバラで統一感がない

解説

図5-89は極端な例ですが、「数量」は中揃え、「売上（万円）」は左揃え、「利益率」は右揃えですが小数点の桁が統一されていません。

数値は右揃えが基本原則です。小数点の桁は、表示対象の中、例えば「利益率」の中では必ず統一し、小数点の位置が上下で揃えましょう。読み取りやすさが全く異なります。

改善策

数値は右揃え、小数点の表示桁数も統一する

After

製品名	数量	売上（万円）	利益率
製品A	552	10,267	16.1%
製品B	674	9,300	18.3%
製品C	363	3,651	14.9%
製品D	701	2,188	15.7%
製品E	726	1,138	17.8%
製品F	817	465	18.2%
製品G	1,133	1,394	13.0%
製品H	934	4,579	2.9%
製品I	718	9,118	6.2%
製品J	733	4,528	16.1%

図 5-90

5-30 数表の基本③ | 数値の比較は横より縦で

Before

	製品A	製品B	製品C	製品D	製品E
数量	552	674	363	701	726
売上（万円）	10,267	9,300	3,651	2,188	1,138
利益率	16%	18%	15%	16%	18%

図5-91

After

製品名	数量	売上（万円）	利益率
製品A	552	10,267	16%
製品B	674	9,300	18%
製品C	363	3,651	15%
製品D	701	2,188	16%
製品E	726	1,138	18%

図5-92

課題
比較したい数値が横に並んでいる

解説
　図5-91は縦に評価指標、横に製品が並んでいます。各製品のKPIが「数量」「売上（万円）」「利益率」の3指標で、個々の製品について3指標を確認するのみであれば、この見せ方でも問題ありません。

　しかし、製品間の比較をする場合はどうでしょう？

　数値は横に並べてしまうと比較はしづらくなります。比較をする数値は図5-92のように縦に並べて、桁を揃えると圧倒的に見やすくなります。右ページの図5-93と図5-94を見ると一目瞭然ですが、横方向よりも縦方向のほうが比較は容易です。

　また、図5-95や図5-96で示したように、作り手として何の比較を優先して見せたいのか、その意思次第で縦軸と横軸の配置は異なりますので、比較の目的を事前に明確にしておくことが非常に重要です。

改善策
数表の縦と横を入れ替え、比較したい数値は縦に並べる

横に並べると直感的に比較しづらい

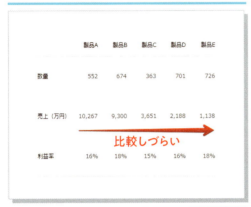

図5-93

縦に並べて桁を揃えると比較がしやすい

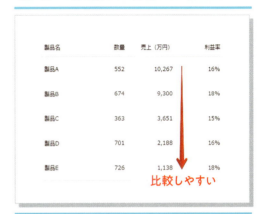

図5-94

年度ごとのエリア比較＞各エリア内の年度比較

図5-95

各エリア内の年度比較＞年度ごとのエリア比較

図5-96

5-31 横向きテキストは読みづらい

チャート選択の基本①

Before

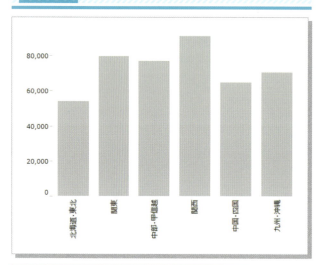

図 5-97

After

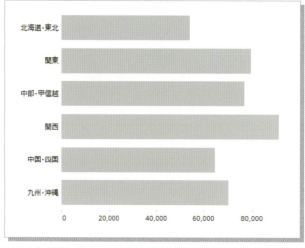

図 5-98

課題

項目名が横向きになっている

解説

「横向きテキストは読みづらい」ことは誰の目にも明らかなのですが、図5-97のようなグラフは至る所で目にすることができます。まるでそれが当たり前であるかのようです。

図5-98のように縦棒を横棒に変更するだけで圧倒的に読み取りやすくなるのですが、なぜ縦棒グラフにこだわるのでしょうか？

これはExcelの棒グラフの初期設定が縦棒ということもあり、無意識に縦棒グラフを選択しているケースが多く、図5-97が「普通」になっているだけだと考えられます。また、Excelで横グラフを選択すると、なぜか項目の並び順が下から上になるという初期設定を備えており思い通りの図にならないことも、横棒グラフが使いづらい要因の一つと考えられます。

改善策

縦棒グラフを横棒グラフに変更する

読みづらい

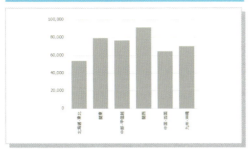

図 5-99

やや読みづらい

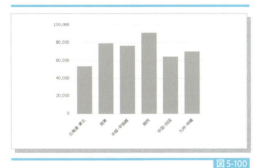

図 5-100

読みやすい（フォントは小さいが…）

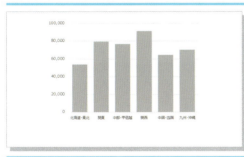

図 5-101

Excel 横棒グラフ① 初期設定

図 5-102

Excel 横棒グラフ② 縦軸を反転

図 5-103

Excel 横棒グラフ③ 横軸のラベル位置変更

図 5-104

シミュレーション結果とその解説

　Excel の場合、図 5-100 のような斜め向きのテキストも簡単に設定できますが、横向きと同様、斜め向きのテキストも決して読み取りやすいものでありません。テキストは極力横向きにするか、横棒グラフを積極的に使用しましょう。

　ただし、Excel の場合は前頁に記載したように注意が必要なのですが、改善方法は以下の通りです。

　まず、縦棒グラフを横棒グラフに切り替えると、縦軸の項目名の並び順が逆転します。（図 5-102）

　いったん縦軸を反転し（図 5-103）、横軸のラベル位置を「上端 / 右端」を選択すると完成です。（図 5-104）
※反転しているため、上端が下端となっています。

5-32 チャート選択の基本② | 連続性がなければ折れ線NG

Before

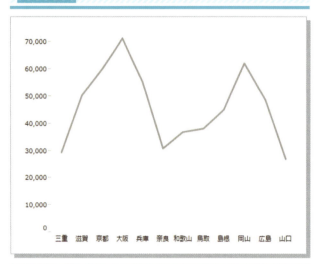

図5-105

After

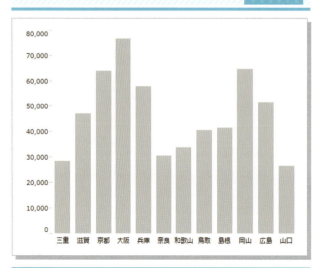

図5-106

課題

グラフ上で表現される勾配が意味をなさず、誤解を生む要因となる

解説

横軸に配置された都道府県データは、隣り合う者同士に必ずしも連続性を持たないデータとなります。しかしながら、折れ線グラフは連続的なつながりのあるデータに用いるべきチャートです。

図5-105で隣接している島根と岡山について、グラフで表現される急上昇に意味はありません。

しそのため、意図しない誤認を誘発する可能性があります。

このようなケースでは図5-106のような棒グラフが適しています。棒グラフの場合、折れ線のような連続性は失われ、結果として個々の長さの比較を行いやすくなり、意図した情報が正確に伝わります。

改善策

隣接項目に順序的なつながりがない場合には棒グラフを使う

5-33 チャート選択の基本③ | 数表でトレンドは見えない

Before

	2012	2013	2014	2015	2016	2017	2018
ブランドA	41,901	53,720	60,834	65,159	67,378	68,215	67,531
ブランドB	56,188	67,279	67,438	54,765	47,233	49,036	51,958
ブランドC	41,102	46,037	45,645	46,229	50,571	52,527	50,982
ブランドD	24,263	28,676	31,413	29,414	28,502	28,336	26,473
ブランドE	16,212	16,982	17,596	21,083	24,548	25,427	25,984

図 5-107

After

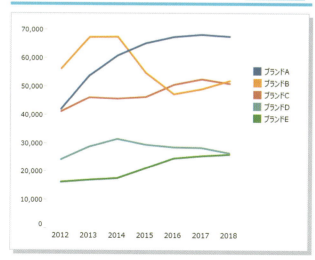

図 5-108

課題

細かい数値は把握できるがトレンドがわかりづらい

解説

図5-107の場合、各ブランド、各年度の精緻な数値が見えるので、○○年の××の数値と言われれば、正確に答えられます。

一方、この中で調子の良くないブランドをパッと答えられるでしょうか？

図5-108の折れ線であれば、ブランドBが大きく下げていること、ブランドDも減少傾向にあることが一見して認識できます。

帳票は予め決められた数値の確認には向いていますが、課題探索には不向きです。市場で、何が起こっているかをいち早く察知する必要があるならば、見慣れているというだけで帳票を選択すべきではありません。

なお、世の中には帳票の数値を短時間で記憶して深く理解する人も存在します。そういった方々には帳票が有効ですが、あくまで例外的な存在です。帳票で全てを読み取ってもらうことを期待することは、作り手側のエゴと言っても過言ではありません。

改善策

数表から折れ線グラフに変更する

5-34 チャート選択の基本④ | 円グラフは精緻な比較に不適

Before

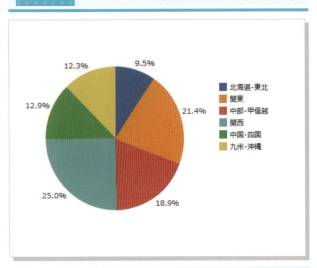

図 5-109

課題

どれが大きいのか、ラベルを見ないと分からない

解説

単刀直入に円グラフの使用はオススメできません。

円グラフの場合、角度でその大きさを判断しますが、キリの良い角度でない限り、人間の目で正確な角度は認識困難です。

例えば図 5-111 のように数値のラベルが無いと、「中国・四国」と「九州・沖縄」の大小の比較は難しいと思います。

ラベル無しで大きさが比較できないのであれば、円グラフを用いる必然性はありません。棒グラフではトータルが100%であることを認識しづらいですが、図 5-110のように、その比率の母数について注釈を加えれば、誤解は生じません。

また、円グラフの色分けは項目数が増えると識別が難しく効果的ではありません。

右ページに円グラフの課題を3つ挙げましたが、図 5-114 のように、項目数が3つ以下であれば比較的認識しやすくなります。

改善策

円グラフから横棒グラフに変更する

After

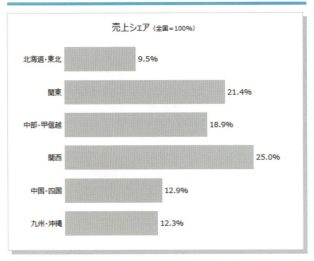

図 5-110

円グラフの課題①
ラベルが存在しないと大きさの比較が難しい

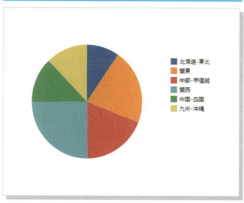

図 5-111

円グラフの課題②
12時の位置からスタートしていないと直感的な比率の把握は難しい

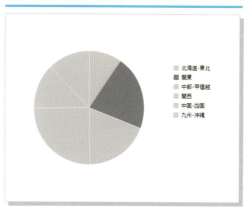

図 5-112

円グラフの課題③
項目数が増えると似た色が多くなり使い物にならない

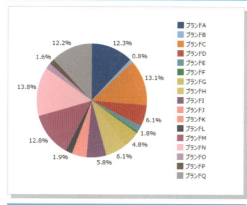

図 5-113

項目数は2つまたは、全て隣り合う3つまでがオススメ。25%/50%/75%などの認識は行いやすく、進捗確認では扱いやすい

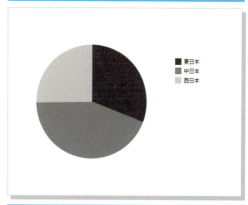

図 5-114

5-35 チャート選択の基本⑤ 円の大きさで量の比較は困難

Before

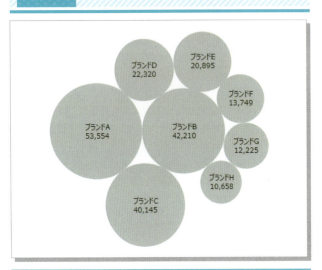

図 5-115

After

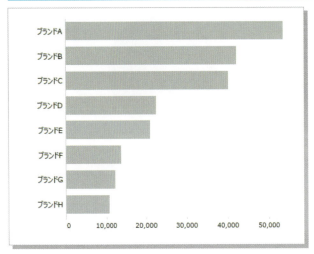

図 5-116

課題

個々の量の違いが把握しづらい

解説

　図5-115のようなバブルチャート（正確にはパック・バブルチャート）は、最近のソフトウェアでは簡単に作れるようになりました。しかし、果たして本当に効果的なチャートなのでしょうか？

　このようなチャートは見た目にはまだ珍しさもありレポートの中で目立って見えることはあります。しかし、目立っているのはチャートそのものであって、伝えたい数値情報では無いのではないでしょうか。

　情報をざっくりと俯瞰するという意味においては有効な場面もありえますが、正確にデータを伝えるという目的においてはあまり効果的とは言えません。

　例えば図5-115のブランドBやCは、ブランドDやEのおよそ倍なのですが、円の大きさからそれを認識することは非常に難しいというのが実状です。

　図5-116のようなシンプルな棒グラフのほうが正確に情報を伝えることができます。

改善策

シンプルな棒グラフに変更する

円の面積比を直感的に把握できない

図 5-117

面積比は半径の二乗ではあるが…

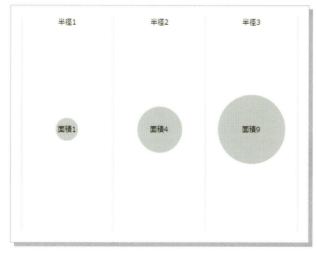

図 5-118

キーポイント

　図 5-117 を見て円の面積比を把握できるでしょうか？

　実際の面積比は図 5-118 のように、左から 1:4:9 となっています。仮に半径が 1:2:3 であることは何となく認識でき、面積が半径の二乗に比例することは理解していたとしても、直感的にその面積比を感じ取ることは難しいと思います。

　円のサイズ（＝面積）は、円グラフの時の角度と同様、正確な量の違いをすぐに認知することができません。従って、正確な数値情報を伝達する必要があるならば、バブルチャートという選択肢はオススメできません。

5-36 チャート選択の基本⑥ | 構成比もトレンドは折れ線で

Before

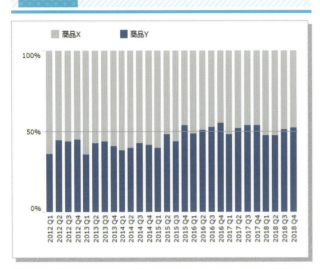

図 5-119

After

図 5-120

課題

100％積上げ棒グラフでは煩雑で分かりづらい

解説

構成比を表現する場合、100％積上げ棒グラフは頻繁に使われます。しかし、図5-119のように、時点数が多くなってくると構成要素が2項目でも雑然として読み取りが難しくなります。状況が直感的に伝わりにくく、どちらが大きくてどちらが小さいかという状況もパッと見て直感的に理解しづらくなっています。

一方で図5-120はどうでしょう？

従来は商品Xが勝っていたものの、ここ数年はシェアが拮抗していること、直近は商品Yが上回っていることが即座に読み取れます。非常にシンプルなグラフで誤解の余地もなく、読み手側に負担をかけません。

改善策

積上げ棒グラフから折れ線グラフに変更する

Before

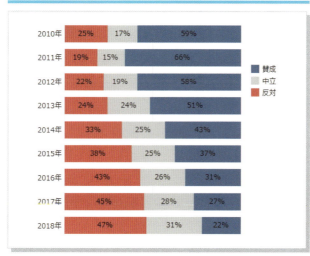

図 5-121

> **課題**
>
> 比較項目数が増え、相対順位が読み取りづらい

解説

積上げ棒グラフでは、構成要素のボリューム感を俯瞰する場合には適していますが、隣り合わない項目の大小比較を精緻に理解することが簡単ではありません。

例えば図5-121の場合、「賛成」「中立」「反対」の構成比は、2015年を境に賛成と反対の比率が逆転していますが、100%積上げ棒グラフを一目見ただけでその状況を把握することは難しいと思います。

一方、図5-122はどうでしょうか？ どのタイミングで逆転が発生したのか一目瞭然です。

> **改善策**
>
> 積上げ棒グラフから折れ線グラフに変更する

After

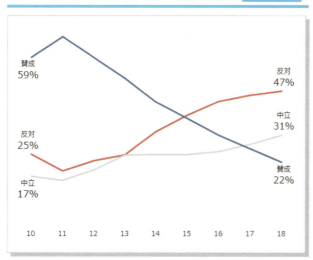

図 5-122

5-37 適切なチャート選択のステップ

チャート選択の基本⑦

Before

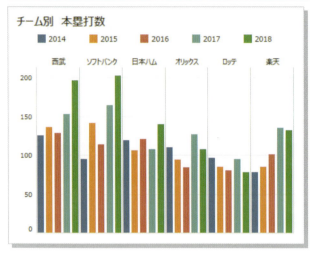

図5-123

After

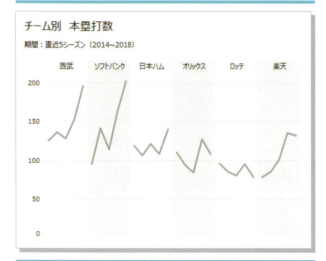

図5-124

課題

余計な情報が多く、伝えるべき要素が効果的に伝わらない

解説

図5-123も頻繁に目にする棒グラフです。棒グラフで量を、時系列に並べてトレンドを、色で各年度がわかるように、と作り手の手厚い配慮があったのかもしれません。

しかし、結果的には、作り手のメッセージが散らばってしまい、読み手としても何をどう見たら良いのか、まず最初に考える必要が生じてしまいます。

今回の場合、大きく本塁打数が変化したチームが複数存在しており、トレンドを強調して視覚化することが有用そうです。それを踏まえた改善策が図5-124になります。

ここでは実際に図5-124に至るまでの改善ステップを順に見ていきましょう。

改善策

折れ線グラフに変更し、各チームのトレンドを強調する

①オリジナルのチャート上でノイズは色です。今回のトレンド比較に色は有効では無さそうです。色を除去します。また、シーズン情報は注釈で代用します。5シーズンと短く、軸ラベルが無くてもすぐに認知できます。

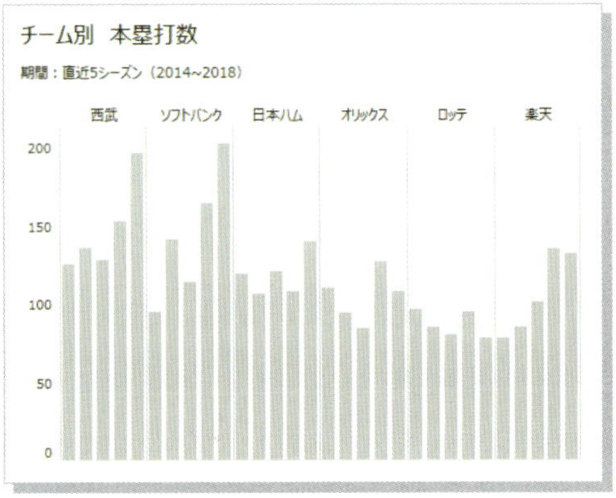

②しかし、そもそもトレンドを強調するならば棒グラフより折れ線グラフが良さそうです。普通に作るとこのようなチャートですが、折れ線が6本と多く、俗にいう『スパゲッティチャート』で少し見づらいです。

図 5-125

図 5-126

③チームごとに分けてみましょう。トレンドが明示されスッキリしました。シーズン情報が再びノイズになっています。また、チームごとに分かれたことで色も必須では無くなっています。

④図5-125同様、シーズン情報を注釈での表示に変更します。チーム間の区切りを薄い背景色に変更し、余計な罫線を削除します。最後にチーム色を削除すれば図5-124が完成です。

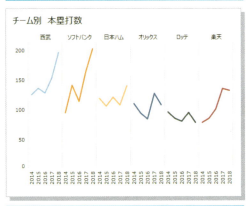
図 5-127

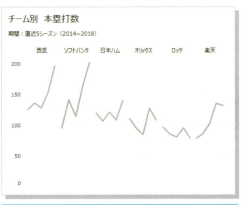
図 5-128

実践編

第6章

Step!
違いを生むテクニック

データリテラシーの基礎が身に付いたところで、もう一段レベルアップするために、この章ではより実用的なテクニックを学んでいきます。

6-1 凡例の位置に気を遣う

見やすさアップのコツ①

Before

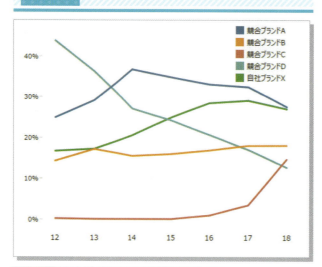

図6-1

After

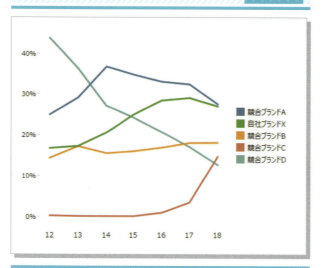

図6-2

課題

色の凡例とグラフの並びが異なり、視線が行き来せざるを得ない

解説

　色の凡例の配置や並び順は軽視されがちですが、少しの工夫で大きく変わります。
　図6-1はごく一般的に見かけるチャートです。どこにも間違いはありません。しかし、いざ折れ線の色と、色が表現する項目を理解しようとすると、視点は折れ線と凡例を行ったり来たりすることになります。
　一方、図6-2はどうでしょう？　最も重要と考えられる直近のランキングと色の凡例の表示順が関連付けられているため、各折れ線とその項目を非常に簡単に結びつけることができるようになります。視点が行ったり来たりすることもありません。

改善策

最新データの近くに、並び順も考慮して色の凡例を配置する

チャートと凡例が離れていてわかりづらい事例

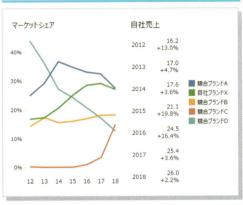

図6-3

全く無意味な凡例を配置している事例

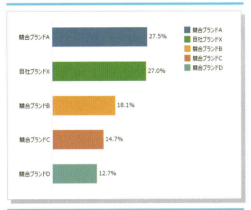

図6-5

チャートと凡例の位置関係が適切な事例

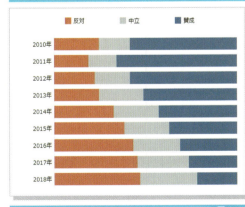

図6-4

キーポイント

　チャートと凡例は近くにないと視点が行き来する必要があり、読み手に負荷を強いることになります。色数が多い時は特に非効率です。

　図6-3のように複数のチャートが存在し、凡例が端に寄せられてしまう場合なども、視認性が低下してしまいます。

　図6-4は色の凡例とグラフの位置が近くに関連付けられている適切な事例となります。迷うことなく色とその内容が紐づきます。

　図6-5は番外編となりますが、色の凡例が全く意味をなさない事例です。棒グラフの左側に項目名があるため、凡例は不要なのですが、意外と良く見かける初歩的なミスです。間違った情報ではないですが、この凡例は明らかに無駄な情報になっています。

6-2 目盛は自然な間隔に

見やすさアップのコツ②

Before

図6-6

After

図6-7

課題

目盛の間隔がわかりにくい

解説

　図6-6では、目盛の間隔が400刻みになっています。このような目盛の場合、一本一本の目盛が表現する値が直感的に理解しづらく、折れ線とその付近の目盛線を見る度に、縦軸で目盛を確認する必要が生じかねません。非常に非効率です。

　図6-7は、目盛線の本数は減ってしまいますが、1000刻みとなっています。1本の値を認知した後は都度目盛を確認することなく、その量を認識することが容易になります。

改善策

目盛の間隔をキリの良い数値にする

6-3 見やすさアップのコツ③ | 時間軸は横軸が基本

Before

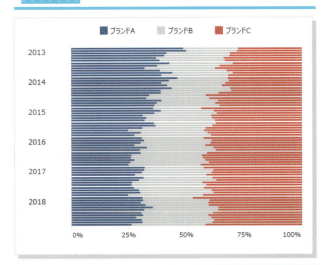

図6-8

課題

傾向が分かりづらい

解説

図6-8はブランドシェアを時系列に並べたものです。このような形で100%積上げ横棒グラフを縦に並べられることは多くあり、特に大きな課題がある訳ではありません。

しかし、図6-9のように時間軸（ここでは年月）は横軸に配置するほうが、トレンドが認識しやすくなりますので、迷うようであれば間違いなく後者がオススメになります。

改善策

横棒を縦棒に変更し、時間軸を横軸に配置する

After

図6-9

6-4 補助線を活用する

見やすさアップの コツ④

Before

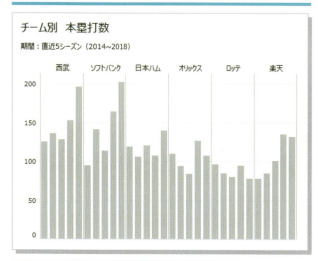

図 6-10

After

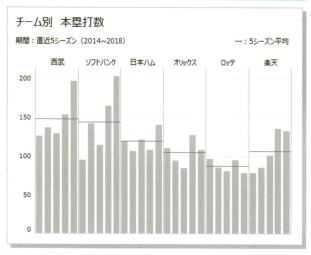

図 6-11

課題

切り口が細かく、全体像が見えづらい

解説

　図6-10はチーム別シーズン別の本塁打数を並べたものですが、各チーム各シーズンのスケール感は把握できても、結局5シーズンを通して本塁打数が多いのがどのチームで少ないのがどのチームなのか、一段階マクロな情報が見えません。

　量的な情報の表現及び比較をするために棒グラフを用いている訳ですが、多い少ないの判断基準が、図6-10では周囲の個々の棒グラフと高いか低いかで判断せざるを得ません。

　一方、図6-11はどうでしょう？
チームごとに5シーズンの平均値を補助線として引いています。これにより、チーム間の比較と各シーズンと例年との比較が可能になります。

　情報量が増えるため、いつでもどこでも有効というものではないですが、読み手が何と何を比較したいのかを意識して効果的に活用しましょう。

改善策

比較の目安となる補助線を追加する

6-5 傾向線を活用する

見やすさアップのコツ⑤

Before

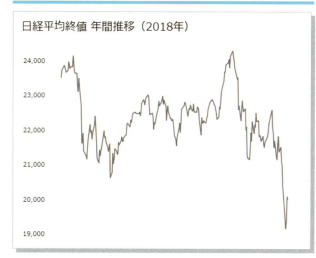

図6-12

After

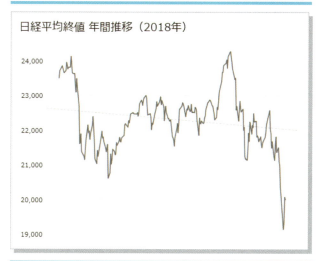

図6-13

課題

上下変動が激しく、結局どうだったのかが分かりにくい

解説

折れ線グラフを使用していると起こりがちな課題です。変動そのものは大きいにも関わらず、全体として上がっているのか下がっているのかが答えにくいことがあります。

図6-12は2018年の日経平均株価の終値です。年初が約23,500円、年末が約20,000円なので、最もシンプルには『下がった』という結論に至りますが、全体を通してという点では少し乱暴です。

図6-13のように、傾向線を1本引くと全体のトレンドを視覚的に把握できます。

傾向線も補助線の一種ですが、その期間と同じ傾向が続くのであれば傾向線にそって数値は変動していくことになります。簡易な予測手法として活用可能です。

なお、あくまで補助線なので、必要以上に太くしたり色を濃くしたりすることは控えるようにしましょう。

改善策

全体のトレンドを把握する傾向線を追加する

6-6 誤認回避の技術① | グラフとラベルの不一致回避

Before

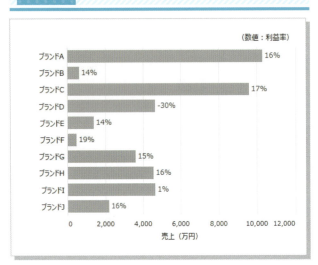

図6-14

After

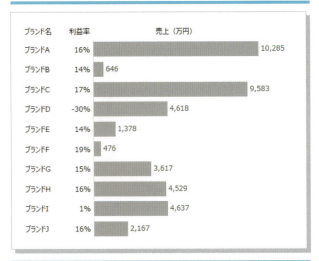

図6-15

課題

棒の長さとラベルの数値が一致せず違和感がある

解説

図6-14は、棒グラフが売上を示しているのに対し、棒グラフの右横にあるラベルは利益率を示しています。

数値が利益率を示すことは注釈として明記されているとは言え、直感的には棒グラフの長さでボリュームを認識するため、そのボリュームとラベルの違いに違和感を感じます。冷静に見れば間違えることはないと思いますが直感的に頭に入りやすいとは言い難いグラフになっています。

このような場合には、図6-15のように棒グラフのラベルは棒の長さを示し、利益率は別途切り出して表示すると、非常にスッキリして誤解の余地も無くなります。

改善策

棒グラフのラベルには長さと関連する指標を用いる

Before

図6-16

課題

色合いと数値が連動していない

解説

ハイライトテーブルでも同じようなことがしばしば起こります。

図6-16では、色のグラデーションは表全体における売上と連動していますが、枠内の数値は各年における月間シェアを表しており、色と数値は連動していません。

例えば、2010年9月の13%の色は実は2018年の9月や12月の11%よりも薄い色となっています。このような場合にも、読み手は色で数値のボリューム感を判断してしまい、誤解を招く必要が可能性があります。

最も見せたい値が年別月間シェアであるならば、そもそも色の基準を「売上」ではなく「月間シェア」に連動したグラデーションに変更したほうが良いでしょう。表示スペースの都合上、無理に掲載すると煩雑になるため、「月間シェア」よりも優先度の低い「売上金額」については表示を断念しています。BIツール等を利用している場合は図6-17のようなポップアップなどで視覚化することもオススメです。

改善策

ハイライト色を表示された数値と連動させる

After

図6-17

6-7 二軸表示は分かりにくい
誤認回避の技術②

Before

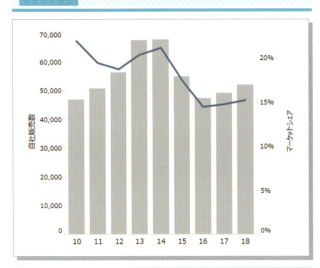

図6-18

After

図6-19

課題

どちらの軸が棒で、どちらの軸が折れ線か不明確

解説

図6-18は頻繁に散見される典型的なNGチャートです。作り手としてはそれぞれ作ったチャートを重ねるような手順で自然にこのチャートを作ってしまうのですが、読み手からすると完成品だけ見ても棒と折れ線がそれぞれどちらの軸なのか全く理解できません。

例えば図6-19のように、ラベルのタイトルに「(棒)」「(折れ線)」と記載するだけで、全く状況は異なります。

また、最近のBIツールなどでは、図6-23のようにそれぞれのチャートを縦に並べるような形も簡単に作図可能なので、そもそも混乱を招く二軸(二重軸)表示を使用しないという選択もとることができます。

右のページで改善案へとつながる思考フローを見てみましょう。

改善策

どちらのチャートかを軸のタイトルに明記する

① オリジナルでは、どちらの軸かわからない

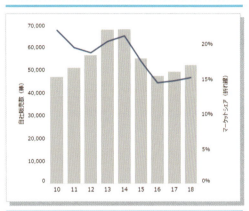

図6-20

② 軸のタイトルに明記したが横向きで見づらい

図6-21

③ 軸のタイトルを調整し、わかりやすくなった
　⇒　改善案①

図6-22

④ 二重軸を使わず、グラフを縦積みにする
　⇒　改善案②

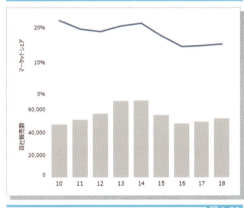

図6-23

6-8 同じ軸を二軸にしない

誤認回避の技術③

Before

図6-24

After

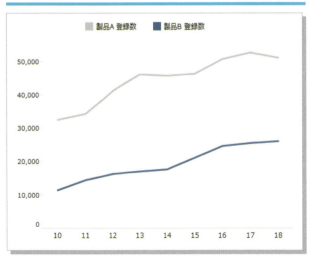

図6-25

課題

二軸にする必要性が低い

解説

　図6-24は左軸も右軸も同じ登録数の軸ですが、それぞれスケールが違います。相関性を強調したいために、このようなグラフを使用することもあると思いますが、正確な相関性が知りたいのであれば相関係数などをきちんと示すべきですし、ざっくりとした相関性把握が目的であるならば、図6-25のようにスケールを変更しなくても十分伝わります。

　同じ指標にもかかわらず二軸にしてしまうと、トレンドだけでなく量的にも近しいものであるような印象を与える可能性もあり、あまりオススメできません。

改善策

軸を一つに集約する

6-9 誤認回避の技術④ | マイナスは下向きが自然

Before

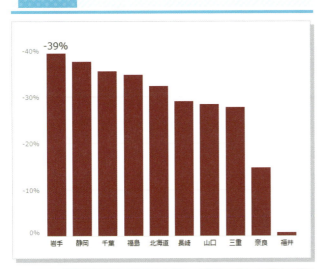

図6-26

After

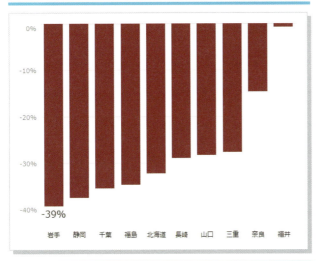

図6-27

課題

マイナスの量が上向きで不自然

解説

　図6-26は、マイナスの量の大きさを強調して見せるため軸を反転して表示していますが、マイナスの値が上に向かっているのはやはり不自然です。

　マイナスの値を扱う場合、縦棒グラフであれば図6-27のように下向きに、横棒グラフであれば左へ伸ばす形にすると直感的に理解しやく効果的となります。

改善策

マイナスは下向きで表現する

6-10 データ欠損は分かりやすく

誤認回避の技術⑤

Before

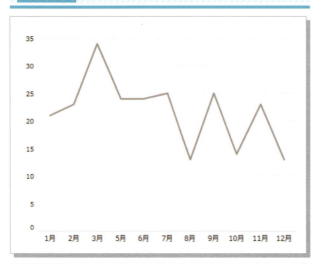

図6-28

After

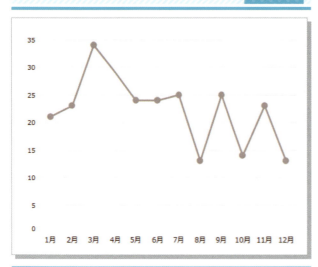

図6-29

課題

データ欠損のある月が存在しない

解説

　図6-28では、データが欠損する「4月」が軸のラベルから欠落しています。このチャートをパッと見て、即座にこの事実に気づく読み手は稀で、多くの読み手は気づきさえしません。1月から12月までつながっている前提で認識してしまいます。

　一方、図6-30のように欠損値をゼロとして取り扱うことは明確に誤りですし、図6-31のように線を切ってしまうと、全体のトレンドをイメージとしてつかみづらくなります。

　改善案としては、図6-29や図6-32のようにデータのあるところと無いところを明確に見分けられるようにしたり、欠損のある月を注釈で明記することで誤解を避けることが可能です。

改善策

欠損のある月とそれ以外では表示方法を変更

欠損値をゼロとして扱うと、事実から大きく乖離する可能性がある

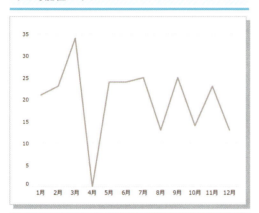

図 6-30

欠損値で折れ線を分断すると、トレンドがわかりづらくなる

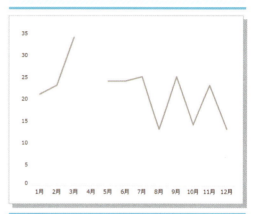

図 6-31

代替案として、折れ線から棒グラフ（上段）やステップチャート（下段）に変更すると欠損を認識しやすくなる

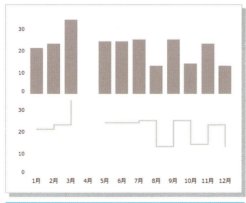

図 6-32

日経平均のように欠損発生（土日）が明らかな場合や、時点数が多く大まかな傾向把握が目的ならば欠損有無は無視しても大勢に影響はない

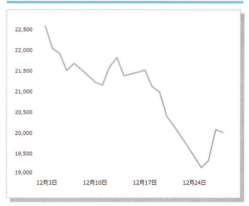

図 6-33

6-11 積上げ棒の強調要素は最下部
多様なチャートと使い方①

Before

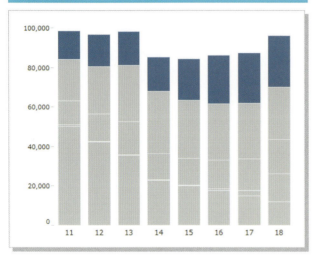

図6-34

After

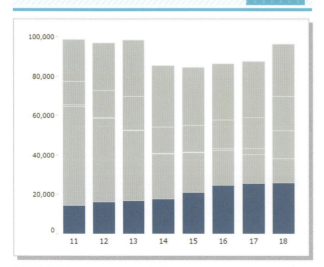

図6-35

課題

始点が変動するため、個別のトレンドが見づらい

解説

　全体のボリューム感と個々のトレンドを視覚化する場合、図6-34のような積上げ棒グラフを活用することが良くあります。しかし、積上げ棒グラフの場合、一番下の項目を除いて基準となる始点が基本的に毎回ズレてしまうため比較がしづらくなってしまいます。

　そのため、図6-35のように最も強調したい項目を一番下に配置することで、少なくともその項目のトレンド把握については容易になるよう改善することが可能です。

改善策

最も重要な項目を最下層に移動する

図6-36

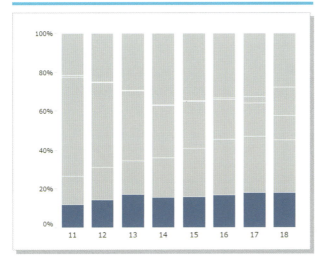

図6-37

課題

100%積上げ棒グラフの中間層は横比較がしづらい

解説

図6-36は100%積上げ棒グラフの例です。単純な積上げ棒グラフと異なる点としては、最下層だけでなく最上層も基準は定まるので、この二者については横比較は実施しやすくなります。一方、中間層のトレンドはやはり見えづらくなります。

改善策としては図6-35と同じように重要な要素を最下層に寄せるか最上層に寄せるかのどちらかとなります。

しかしながら、時系列のトレンドを比較することが主目的ならば、そもそも100%積上げ棒グラフではなく折れ線グラフで視覚化することをオススメします。

改善策

重要な項目は最下層か最上層に移動する

6-12 シェアは目的を明確に

多様なチャートと使い方②

課題

シェアの母数が分かりづらく、何を伝えたいのか理解しがたい

解説

シェアは、表全体に対してなのか、縦比なのか横比なのか、その明記が無いと誤認を与える可能性が高まります。必ず明記するようにしましょう。

また、このグラフで最も伝えたいのはそもそも何でしょうか？

棒グラフの場合、シェアが小さいとラベルが重なって見えなくなるため、詳細な数値を見たいだけであれば数表のほうが適切と言えます。

ここで最も伝えたいことが事業ごとの売上シェアの比較であるならば、ラベルも事業トータルのシェアをつけたほうがいいでしょう。また、エリアごとのボリューム感を把握するだけであれば、ラベルはなくても認識可能です。

図6-39のようにタイトルに母数の情報を、ラベルは各事業全体のシェアを配置することで二つの課題を解消することができます。

改善策

シェアの母数を明記し、最も伝えたい要素にラベルを付ける

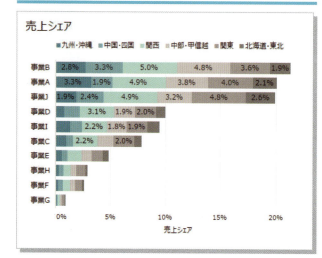

図6-38

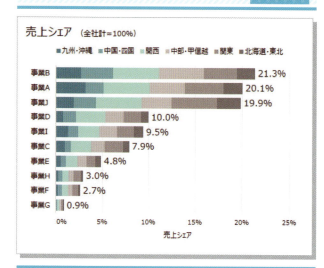

図6-39

代替案①事業内のエリアシェアが重要な場合

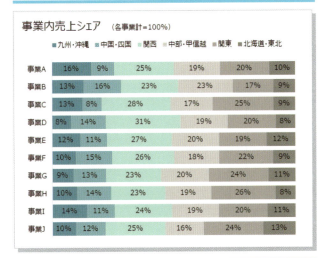

図6-40

代替案②どのエリアでどの事業が強いのかを俯瞰する場合

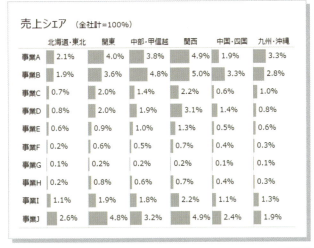

図6-41

キーポイント

　前頁で述べた通り、構成比を用いる場合には母数を何にするかが非常に重要です。

　また、100%棒積上げ棒グラフにすると、図6-40のように母数が何であるのかは非常に分かりやすくなりますが、事業ごとのボリューム比較の要素は失われます。

　一方、積上げ棒グラフではなく図6-41のような棒グラフを用いると、どのエリアでどの事業が強いのかが読み取りやすくなります。

　このように、何を伝えたいかによって計算方法も最適な視覚化方法も変わります。まずは読み手に最も伝えたい要素は何なのかを明確にしましょう。そうすることで、何を母数にすべきか、どういうチャートにすべきかが見えてきます。

6-13 二指標の関係性は散布図で

多様なチャートと使い方③

Before

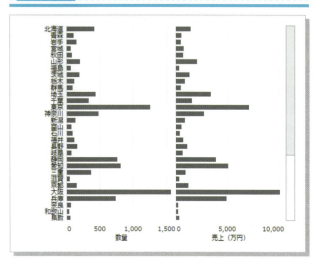

図6-42

After

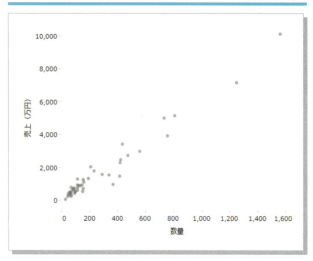

図6-43

課題

二つの数値指標の関係性が分かりづらい

解説

　図6-42のように、二つの数値指標（ここでは「数量」と「売上（万円）」）を棒グラフや折れ線グラフで並べた時に、両者の相関性が見えてくることがあります。しかし、図6-42のように棒グラフは相関性を見るには適していません。項目数が多いと表示領域も広く必要になり、この例でもスクロールが発生して見づらくもなっています。

　このような時には散布図が有用です。

　図6-43のように散布図にプロットしてみると、両指標が比例関係にあることが明確にわかるようになります。

　散布図は、他にも、外れ値を視覚的・直感的に検出しやすいこと、プロット対象の点の数が増えても狭いスペース内で表現しやすいなどが特徴的で、効果的に利用したいチャートの一つです。

改善策

相関性の有無の把握には散布図を使う

6-14 多様なチャートと使い方④ | 散布図は横軸原因・縦軸結果

Before

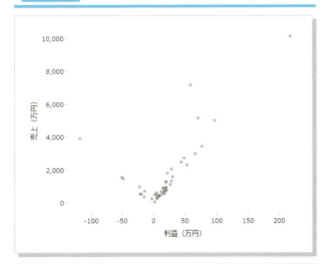

図6-44

After

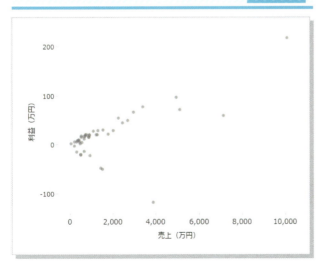

図6-45

課題

縦軸と横軸のどちらに置くべきか悩んでしまう

解説

散布図では二つの数値指標を軸に置きますが、機能的には図6-44と図6-45のように軸を入れ替えてもチャートは作れ、どちらも不正解ではありません。

ですが、基本的には横軸に「原因」、縦軸に「結果」がオススメです。

「原因」と「結果」の組み合わせとは、「売上」⇒「利益」、「GDP」⇒「寿命」、「人口密度」⇒「地価」、「広告費」⇒「ページビュー」
などです。

ただし、【4-1：データビジュアライゼーションの用途分類】の相関分析で解説したように、散布図で見出だせる相関関係はその因果関係を示すものではありません。ここでの横軸に「原因」、縦軸に「結果」という組み合わせは、一般論としてその因果関係が成り立つと考えられる場合に、解釈しやすくするためのテクニックです。

改善策

横軸に「原因」、縦軸に「結果」となる指標を配置する

6-15 | 点の重なりは透過性で解消

多様なチャートと使い方⑤

Before

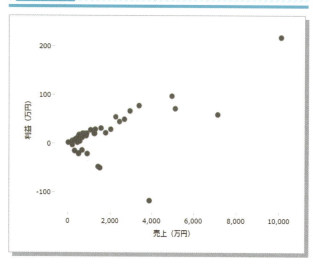

図6-46

After

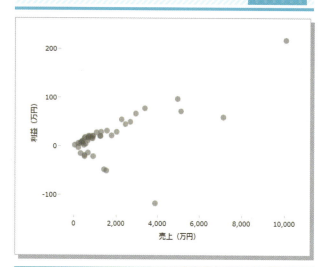

図6-47

課題

散布図上のプロット数が多く、重なってしまう

解説

　これは散布図で頻繁に発生する問題です。散布図の特徴の一つとして限られたスペースに多数の点をプロットできることが挙げられますが、図6-46のように一部の領域に密集してしまうと点が重なってしまい、重なっている部分のボリューム感が正確に伝わらないなど、情報が正しく伝わらなくなる可能性があります。

　このような場合には、図6-47のように点の色に透過性を持たせて重なりを濃度で表現することにより、情報が失われてしまうことを防ぐことができます。

改善策

色に透過性を持たせ、重なりが分かるようにする

6-16 多様なチャートと使い方⑥ | 多次元散布図は分かりにくい

Before

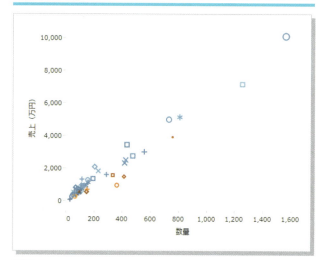

図6-48

After

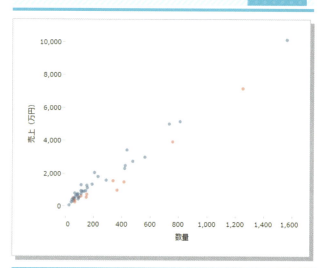

図6-49

課題

散布図の点に情報が多過ぎる

解説

散布図は二つの数値指標の関係性を調べる目的には適したチャートなのですが、点の色、形、大きさを用いて異なる情報も同時に視覚化することが可能です。

しかし、機能的に可能ではあるものの、図6-48のように一つのチャートに情報を持たせ過ぎてしまうと何を伝えたいのかが曖昧となり、むしろ何の情報も伝わらない、記憶に残らないという結果を招きかねません。重要な情報が伝わりにくくなるため「無いよりはあったほうが良さそう」というレベルの情報の視覚化は控えましょう。

一方、外れ値や異常値を見つけるために効果的に色などを用いることは可能です。

図6-49では利益率の低い点を赤くしていますが、数量と売上の関係性の中で問題がある点が色で浮き彫りになり、読み手にとっても負荷なく読み取りやすいチャートになっています。

改善策

売上と数量以外の情報を絞り、課題を読み取りやすくする

6-17 ブレットチャートを有効活用

多様なチャートと使い方⑦

Before

製品名	売上 (百万円)	前年売上 (百万円)	売上対前年 増減率	売上目標 (百万円)	売上対目標 増減率
製品A	26.5	28.3	-6.6%	31.2	-15.1%
製品B	26.0	25.4	+2.2%	28.0	-7.1%
製品C	17.4	15.8	+10.3%	17.3	+0.3%
製品D	14.1	3.0	+373.0%	3.3	+330.0%
製品E	12.2	14.9	-18.3%	16.4	-25.7%
製品F	9.9	8.2	+19.9%	9.1	+9.0%
製品G	3.3	2.6	+24.7%	2.9	+13.4%

図6-50

課題
数値が「全部入り」だが結果的に良否が分かりにくい

解説

特に売上実績の評価において、前年比と目標比(=計画比)の二軸で良否を見ることはよくあります。一般的な棒グラフを用いる場合、実績・前年・目標と3本並べるような形は見た目も不細工になるため、図6-50のような数表に落ち着いてしまいがちです。

しかし、ビジュアル分析用に開発されたブレットチャートを使うと実績・前年・目標の3軸を1本の棒グラフに集約することができます。図6-51ではメインの棒グラフが実績、背景のグレーの棒グラフが前年、縦のグレーの棒線が目標値を示します。棒の色はここでは対目標増減率の正負で評価しています。数表にあった5指標のうち、対前年増減率の要素は落ちてしまいますが、優先度の高い評価軸(ここでは目標比>前年比)で良否を判定でき、何より直感的に理解しやすくなります。

After

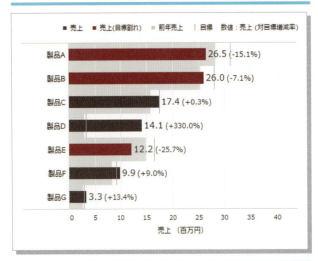

図6-51

改善策
ブレットチャートを用いる

6-18 円よりもドーナツがオススメ

多様なチャートと使い方⑧

Before

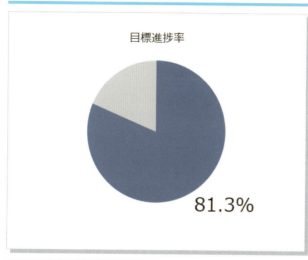

図 6-52

After

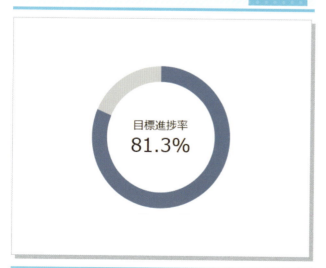

図 6-53

課題

特に違和感はないが…

解説

100%をゴールとする達成率や進捗率を表す際、または合計に対するシェアを見る際のチャートとして、円グラフが用いられることはよくあります。

効果的なチャートとして選択されることの少ない円グラフですが、全体が100%であることを暗示したい場合や、円を分割する項目数が少ない（2つがベスト）場合には円グラフも有効です。

図6-52のままでも問題はないのですが、ブルーの終点と数値の間を視点が動く必要があるのに対し、図6-53のようなドーナツチャートであれば、主役となる比率の値がその数値に関わらず常に中心に配置され、外枠の色で直感的にボリューム感が伝わります。

ドーナツチャートは100%がMaxで項目が2種類しかない場合に非常に有効です。使用するシーンは限られますが、シンプルで記憶に残りやすく、効果的なチャートの一つと言えます。

改善策

ドーナツチャートを使い、シンプルでわかりやすく視覚化する

6-19 面グラフでトレンドと量の両立

多様なチャートと使い方⑨

Before

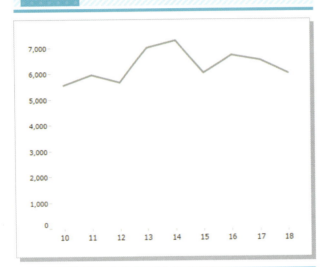

図6-54

After

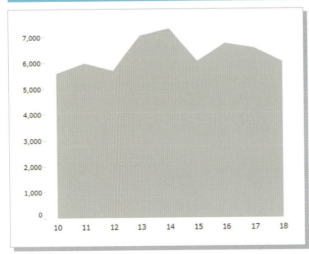

図6-55

課題

折れ線グラフでは量的な要素が伝わりにくい

解説

図6-54は通常の折れ線グラフで特に違和感がある訳ではありません。しかし、例えばこの例で言うと多少の上下動はあるものの比較的横ばいに近いトレンドになっています。

時系列データということで折れ線グラフを採用していますが、折れ線グラフの特徴としてボリューム感を伝えることは苦手です。

もしも量的な要素も伝えたい場合には、図6-55のような面グラフが有効になります。

折れ線グラフはトレンドを伝えるためのもので、量的なイメージは伝わりません。なお面グラフを選択した場合、次の【多様なチャートと使い方⑩　面グラフを並べて比較する】で触れるように、複数の項目のトレンドを同時に比較することは難しくなります。

改善策

折れ線グラフを面グラフに変更する

6-20 面グラフを並べて比較する

多様なチャートと使い方⑩

Before

図6-56

課題

個々の増減が分かりにくい

解説

　面グラフは全体のボリュームとシェアは感覚的に理解しやすいのですが、図6-56のようにブランドごとの数量を積み上げた場合、全体数の増減と各ブランドのボリューム感を把握はできるものの、個々の層のトレンドが見やすいものではありません。

　構成する層の数（ここではブランド）が多くない場合、図6-57のようにブランドごとに面グラフを分けることで、個々のブランドのトレンドを確認しつつボリューム感を掴めます。また色を別の要素に使えるというメリットも生まれます。

　一方、マーケット全体の動きは見えなくなりますので、マーケット全体の動きと、個々のブランドの動き、そのどちらがより重要かがチャートを使い分ける際の判断材料になります。

改善策

ブランドごとの面グラフに変更する

After

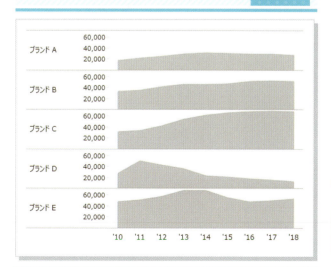

図6-57

6-21 ハイライトテーブルで直感的に

多様なチャートと使い方⑪

Before

年別月間売上 （単位：百万円）

	1月	2月	3月	4月	5月	6月	7月	8月	9月	10月	11月	12月
2010	9.0	13.5	24.2	10.7	13.8	20.6	21.1	19.0	28.8	13.6	17.7	21.4
2011	13.8	19.1	28.1	15.5	18.2	29.4	20.1	18.9	32.6	18.3	21.7	25.1
2012	16.9	23.5	39.9	14.2	19.9	29.3	23.4	20.9	34.4	22.1	25.0	31.2
2013	19.0	24.5	42.1	19.5	24.8	33.3	24.3	22.9	36.3	23.0	27.2	34.5
2014	24.0	29.9	47.2	14.6	19.5	25.9	21.5	20.3	35.4	21.1	25.2	35.2
2015	19.8	26.3	43.6	16.8	21.7	31.5	23.1	21.4	34.9	19.7	23.6	30.8
2016	19.3	25.9	41.9	17.7	23.6	33.9	25.0	22.5	37.7	22.1	25.9	32.2
2017	20.0	25.7	44.5	18.0	23.1	34.0	23.1	23.1	38.5	22.1	27.7	33.7
2018	19.6	25.8	43.8	20.2	26.7	34.7	24.8	23.5	36.2	23.5	27.5	36.6

図6-58

課題

どこが高くてどこが低いのか、一見してもすぐわからない

解説

　図6-58も一般的な帳票です。見たい情報が、特定の年月として事前に決まっているのであればこういった数表で十分ですが、全体を俯瞰した現状把握やどこに潜んでいるか分からない課題認識を目的とすると不向きです。

　図6-59のようなハイライトテーブルを活用すると、相対比較が即座に可能になります。2018年を見ると3月や9月が高いのは例年通りですが、それ以外にも12月の結果が良かったことが色で認識できます。

改善策

数表をハイライトテーブルに変更する

After

年別月間売上 （単位：百万円）

	1月	2月	3月	4月	5月	6月	7月	8月	9月	10月	11月	12月
2010	9.0	13.5	24.2	10.7	13.8	20.6	21.1	19.0	28.8	13.6	17.7	21.4
2011	13.8	19.1	28.1	15.5	18.2	29.4	20.1	18.9	32.6	18.3	21.7	25.1
2012	16.9	23.5	39.9	14.2	19.9	29.3	23.4	20.9	34.4	22.1	25.0	31.2
2013	19.0	24.5	42.1	19.5	24.8	33.3	24.3	22.9	36.3	23.0	27.2	34.5
2014	24.0	29.9	47.2	14.6	19.5	25.9	21.5	20.3	35.4	21.1	25.2	35.2
2015	19.8	26.3	43.6	16.8	21.7	31.5	23.1	21.4	34.9	19.7	23.6	30.8
2016	19.3	25.9	41.9	17.7	23.6	33.9	25.0	22.5	37.7	22.1	25.9	32.2
2017	20.0	25.7	44.5	18.0	23.1	34.0	23.1	23.1	38.5	22.1	27.7	33.7
2018	19.6	25.8	43.8	20.2	26.7	34.7	24.8	23.5	36.2	23.5	27.5	36.6

図6-59

効果的でない視覚化例①
数値に色を付ける形は細かい違いが分かりづらく、しかも見づらくなります。

図6-60

代替案
直感的に傾向を知ることが目的であれば、思い切って数値を全てカットすることもできます。色の違いが鮮明に読み取れるようになります。

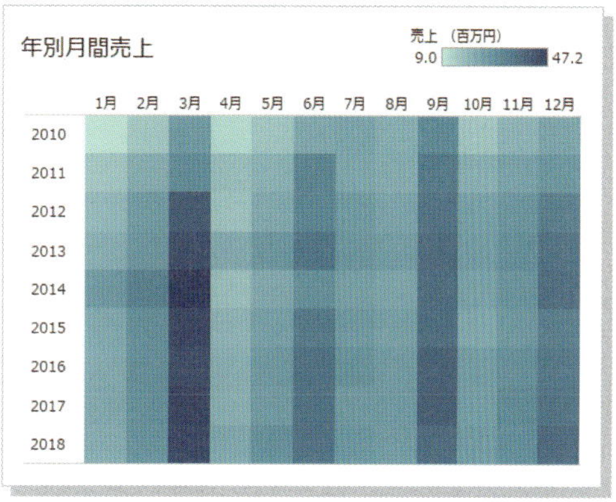

図6-61

効果的でない視覚化例②
【誤認回避の技術①　グラフとラベルの不一致回避】で取り上げたように、色と書かれた情報が異なると直感的には把握しづらくなります。

図6-62

注意点
総計などの領域まで色を反映させると、それに引っ張られて主要領域の色が全て薄くなるため、総計や小計は分けることをオススメします。

図6-63

6-22 調査データ視覚化 - その1

魅せる実践テクニック①

Before

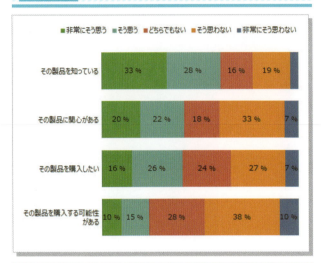

図6-64

After

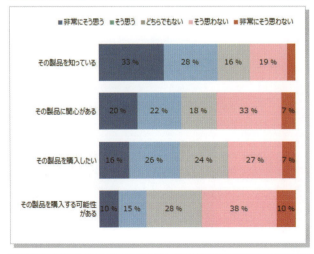

図6-65

課題

効果的でない配色となっている

解説

　図6-64は、設問に対する否定的及び肯定的な反応を測定するリッカート尺度と呼ばれるアンケート調査などでよく見かける5段階評価のデータです。5段階の項目に色が割り当てられていますが、配色が5項目の識別以外の意味を持っておらず有効に活用できていません。

　今回のようにポジティブ（肯定的）な2項目、ニュートラル（中立的）な1項目、ネガティブ（否定的）な2項目を順位のある尺度として分類できるような場合には、色のグラデーションを用いて項目を分類するとより傾向が見やすくなります。

　図6-65のように、ポジティブを青系統、ネガティブを赤系統、「非常に」と強度の強い回答を濃い色にすることで、5段階の評価を見せながらポジティブが優勢なのかネガティブが優勢なのかが伝わりやすくなります。

改善策

ポジティブ、ネガティブでの色分けと、回答の強度をグラデーションで表現

6-23 調査データ視覚化 - その2

魅せる実践テクニック②

Before

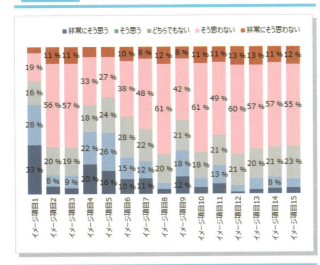

図6-66

After

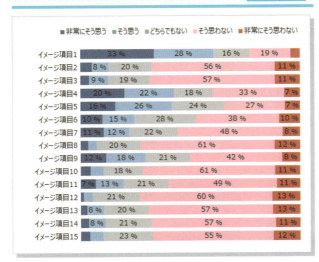

図6-67

課題

評価対象が多く、縦棒グラフでは見づらい

解説

調査データの視覚化では、各選択肢の比率をラベルで表示して見せたい、というニーズが高いのですが、調査項目が多い場合に100%積上げ縦棒グラフを用いてしまうと、図6-66のように非常に見映えの悪いチャートになります。

【チャート選択の基本①　横向きのテキストは読みづらい】で示したように、チャートを縦から横に変更すると大きく改善します。

図6-67のように100%積上げ横棒グラフを用いると、同じスペースを用いているにも関わらず横棒の中にラベルを収めやすくなるため、圧倒的に視認性が高まることが分かります。

改善策

縦棒を横棒に変更する

6-24 魅せる実践テクニック③ 調査データ視覚化のステップ

Before

雇用環境に対する意識	（消費者動向調査　平成31年1月）				
	悪くなる	やや悪くなる	変わらない	やや良くなる	良くなる
北海道・東北	6%	26%	59%	8%	0%
関東	5%	23%	60%	12%	1%
北陸・甲信越	5%	19%	64%	12%	0%
東海	7%	21%	61%	11%	1%
近畿	6%	22%	62%	10%	1%
中国・四国	5%	25%	58%	11%	0%
九州・沖縄	5%	21%	60%	13%	1%

図6-68

After

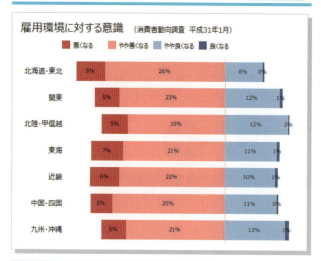

図6-69

課題

リッカート尺度の調査データをわかりやすく視覚化したい

解説

図6-68も5段階の調査データを数表に視覚化したものです。

尺度の段階は奇数の場合も偶数の場合もありますが、否定と肯定の両者が存在しどちらの傾向が強いかを確認することが可能なデータです。

このようなデータには、【魅せる実践テクニック①　調査データ視覚化 - その1】のような100%積上げの横棒グラフも有力候補ですが、別の例を挙げてみます。

図6-69は「変わらない」という中立的な意見は取り除き、中心線から左側に否定的な意見を、右側に肯定的な意見をそれぞれ棒グラフで表示する形式にしています。結果として、否定と肯定のボリュームの差がよりはっきりと見えるようになりました。

ただし、中間層が圧倒的多数の場合、その多数派の存在が軽視されしまう可能性があります。予め認識しておきましょう。

改善策

100%積上げ横棒グラフを活用する

①まず数表から横棒グラフに変更してみます。特に日本人は中間的な回答が多く出がちなこともあり、インサイトを見出しにくいチャートになっています。

②100%積上げ横棒グラフに変更してみました。否定的な意見は左端から、肯定的な意見は右端から確認できます。しかし、色まで配慮できておらず、直感的には読み取りにくい状態です。

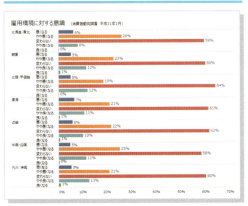

図6-70

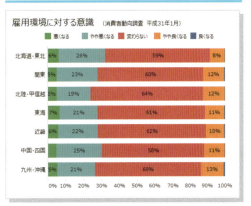

図6-71

③【魅せる実践テクニック①　調査データ視覚化 - その1】で取り上げた効果的な配色に変更します。この時点でも合格ですが、もう一歩進んでみましょう。

④中間回答の中心をゼロとしたチャートです。横棒の合計は100%なので、横棒全体の位置で否定寄りか肯定寄りかを把握できます。さらにここからインサイトを見出しにくい中立意見を除外すると図6-69が完成です。

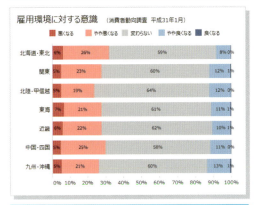

図6-72

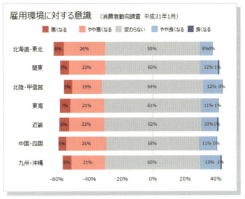

図6-73

6-25 | 基準点を合わせて比較 - その1

魅せる実践テクニック④

Before

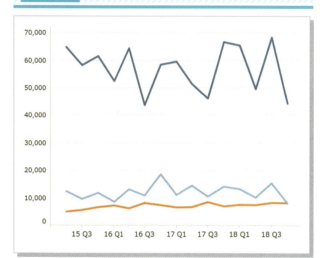

図6-74

After

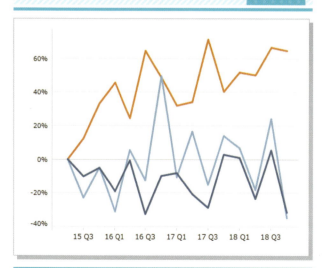

図6-75

課題

スタート地点でのボリュームが違うため、トレンドが比較しづらい

解説

トレンドを比較する場合、折れ線グラフを用いることが多いと思います。しかし、規模感が異なるなど、スタート地点での違いが大きいと比較が難しくなるケースがあります。図6-74では結局どれが上昇トレンドなのか下降トレンドなのかがよくわかりません。

このような場合には、任意の基準点からの変化率に変更して視覚化することが有効な選択肢の一つとなります。

図6-75のように、開始時点を基準に変化率を折れ線グラフに描くことでトレンドが明確になります。

ただし、桁違いの増減が発生した項目が含まれてしまうと、変化率も桁違いの数値をとることになるため、他の比較対象と軸のスケールを合わせることが難しくなります。使用するデータの状況によっては使いづらいケースもありますので予めご注意ください。

改善策

基準を揃えた変化率に変換して比較する

6-26 基準点を合わせて比較 - その2

魅せる実践テクニック⑤

Before

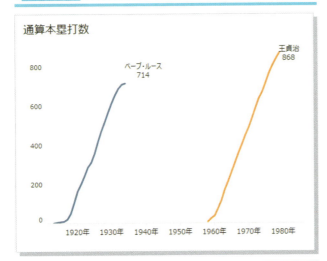

図6-76

After

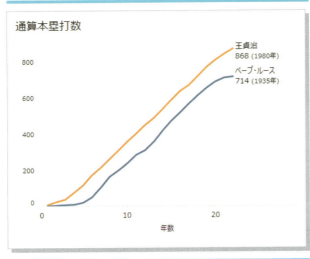

図6-77

課題

スタート地点が異なるため、トレンドが比較しづらい

解説

過去の商品の売れ行きと新商品の売れ行きを比較する場合などでは、スタート地点が違ったり、セールなどの特殊要因による突発的な変動もあるため、単純な折れ線グラフを用いるだけではトレンド比較が難しいケースが多々あります。

図6-76は、元プロ野球の王選手と元大リーガーのベーブ・ルース選手のデビューからの通算本塁打数をグラフ化したものです。王選手がベーブ・ルース選手の記録を抜いたことは周知の事実ですが、スタート地点が違うため、それが早かったのかどうか、その軌跡に違いがあるのかどうかが良くわかりません。

こういったケースでは、図6-77のようにスタート地点を一致させた上でデータを視覚化してみましょう。これを見ると王選手のほうがデビュー後の早い段階から本塁打を重ねていったこと、両者ともに安定して毎年同じような本数を積み上げていったことが分かります。

改善策

スタート地点を揃えてデータを比較する

実践編

第 **7** 章

Jump!
BIツールで差をつける

この章では欧米や日本で高い評価を受けている BI ツールである
「Tableau（タブロー）」を用い、その実践的な活用術として、
インフォメーションデザインを意識した
テクニックを紹介します。

7-1 マップを有効活用

BI活用法①

Before

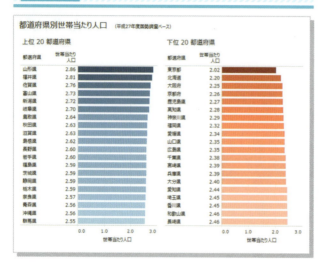

図 7-1

After

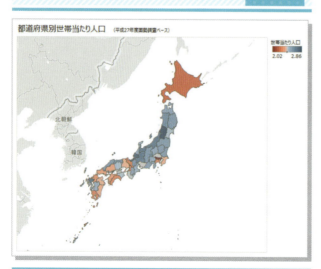

図 7-2

課題

空間的な質問に答えられない

解説

　住所データやGPSなどから取得可能な位置情報は、その位置関係によって新たな知見を得られる可能性があります。

　図7-1は、都道府県別の世帯当たりの人数を上位下位それぞれ20都道府県を並べたものです。このリストだけを見ても、記載されている具体的な数値以外の情報があまり頭に入ってこないと思います。

　図7-2はどうでしょう?具体的な数値は無くなりましたが、西日本に赤色が目立つこと、一方で日本海側に比較的濃い青が寄っていることが浮かび上がります。

　このようにマップを使うことで全く異なる知見が得られることがあります。

　日本の都道府県であれば、各都道府県の位置関係を正確に認識できる方も多いと思いますが、図7-1のようなリスト形式ではなかなかイメージができないものです。市区郡町村や町丁目など、より細かくなるとマップを使わない限り空間的な関係性を見出すのは困難ですが、マッピングによって予想外の情報を得られることがあります。

改善策

マップを使って視覚化する

7-2 スクロールは極力出さない
BI活用法②

Before

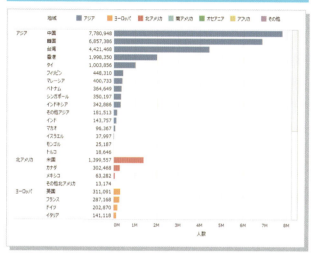

図7-3

After

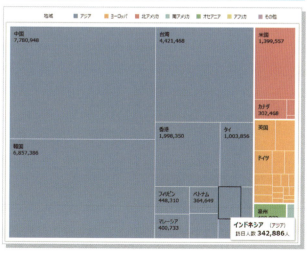

図7-4

課題

1画面に収まらず、スクロールが発生している

解説

　BIツールを使うと、様々なデータを様々な角度から簡単に視覚化できるようになりますが、図7-3のように、視覚化対象となる項目の数が多く、表示したい画面領域に収まらずにスクロールが発生することも多く発生します。現実問題として、読み手がスクロールに気づかない、スクロールを動かしてまで残りの項目を見ない、ということが作り手の予想を遥かに超えて生じます。特に、元来レポートをただ見ていただけ、というユーザーはその傾向が強いと感じます。

　スクロールを出さずに1画面に収める手段があるならば、意識的に活用しましょう。

　今回、厳密な量や順位よりボリューム感を俯瞰して把握することが目的であるならば、図7-4のようなツリーマップが有効です。ツリーマップの場合、個々の領域全てにラベルを加えるのは困難ですが、必要な数値をポップアップ表示させればその欠点を埋めることができます。

改善策

スクロールのないツリーマップに変更する

7-3 フィルタを乱用しない
BI活用法③

Before

図7-5

After

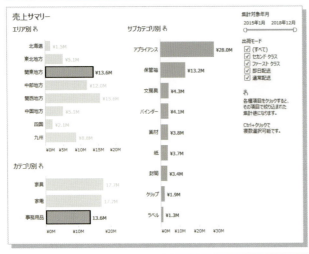

図7-6

課題

フィルタが多く、読み手側の使用負荷が高い

解説

　BIツールを使うと、なんでもかんでもフィルタをつけて、自由に集計できるようにしたいという要望が頻繁に生じます。

　図7-5の例は、日付のスライダを含めて5つのフィルタが存在し、あとは「ユーザーにおまかせ」という形のレポートです。しかし、フィルタは面倒だから使わない、表示されているものを見るのみというユーザーは、作り手が思う以上に存在します。

　探索的な分析では、マクロからミクロへ気になるところを深掘りしていくことが一般的な思考の流れです。そのフローを意識し、ユーザー側が直感的に使いやすい設計にすることで格段に価値が向上します。

　図7-6でもTableauのアクション機能を用いて気になる部分をクリックすると他のチャートが絞り込まれる形にしています。マクロからミクロへ、その場で生じた「なぜ？」を手軽に深掘りできるよう、直感的な分析を促進する作りになっています。

改善策

フィルタのみに頼らず、動線を意識した設計に変更する

データビジュアライゼーション力の高め方

　基本的なセオリーやその事例については、本書の中で数多く示していますが、常日頃から良い絵・画像を見ることが、ここで学んだ知識の復習や基礎力のアップにつながります。

　例えば、Googleの画像検索やPinterestで「KPI Dashboard」などと検索するだけでも、多数の関連画像がヒットします。

　もちろん、検索結果は玉石混淆になりますが、本書で学んだ読者の皆様にとっては、「玉」か「石」かを判別することは簡単だと思います。

　良いアウトプットを見てその技を習得したり、悪いアウトプットを見て「自分ならこうする」と考えたりすることは、スキルを磨くために非常に有用です。

　画像検索以外にオススメしたいのは、Tableau Publicのギャラリーです（https://public.tableau.com/ja-jp/s/gallery）。

　このサイトで取り上げられるビジュアルは、どちらかというとデータアートやインフォグラフィクスのように芸術的な要素が強いものが多くなります。しかし、各作品の中にある個々のグラフ、数値の見せ方、フォントや色の使い方など、パーツ単位で見ていくと、新しいチャートの使い方や見せ方、色の使い方などで非常に参考になると思います。

　絵で直感的に理解できますので、英語がわからなくても学べるものは多いですし、データビジュアライゼーションの様々な技法を学ぶという点においては、Tableauユーザーかどうかも全く関係がありません。

　是非、アクセスしてみてください。

■ Tableau Publicのギャラリー

7-4 ドリルダウン機能を活かす
BI活用法④

Before

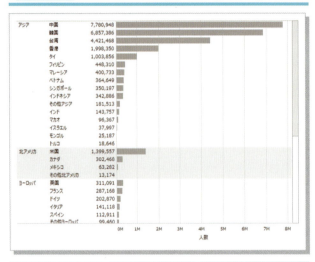

図7-7

After

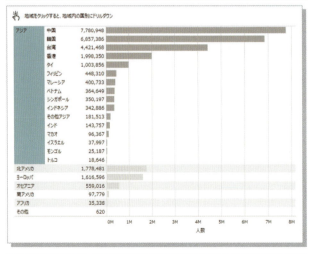

図7-8

課題

表示項目数が多く、スクロールも発生

解説

【BI活用法② スクロールは極力出さない】でも取り上げたように、図7-7のような表示項目数が多いケースではスクロールが発生し、読み手の負荷が増大します。細かい情報は確かに把握できるものの、全体を俯瞰することが難しくなりがちです。

使用するBIツールにインタラクティブにドリルダウンして深掘りする機能があればそれらを有効活用すると効果的です。

図7-8は、詳細を見たいエリアをクリックするとそのエリアだけドリルダウンされるようなチャートになっています。全ての国を表示してしまう場合に比べて、マクロからミクロへ、まずは全体を把握してから気になる部分のみ焦点を当てて深掘りすることができるため、思考プロセスにそって必要な情報に絞って分析が可能となり非常に効果的です。

改善策

必要に応じてドリルダウン可能な形式にする

あと一歩な改善案

Tableauの場合、データ項目を階層化するだけで、図7-9から図7-10のようなドリルダウン構造を作ることは簡単です。しかし、この形式だとドリルダウンの際に全て開いてしまい、必要な項目を探しづらくなりますし、項目数が多いとスクロールも発生してしまいます。

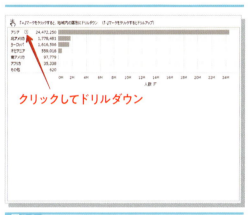

図7-9

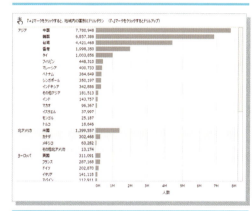

図7-10

別の改善案

複数のシートを使用する形になりますが、図7-11から図7-12のように、地域をクリックすると、その下の階層のグラフを別枠で表示させることも可能です。図7-12では左側と右側で軸のスケールが異なる点に注意が必要ですが、これも効果的な視覚化方法の一つと言えます。

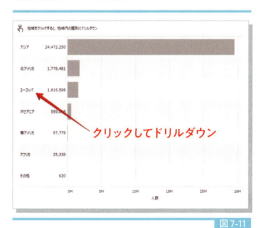

図7-11

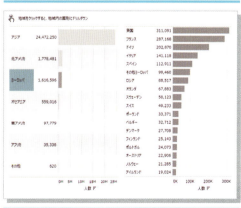

図7-12

7-5 スパゲッティチャート解消法

BI活用法⑤

Before

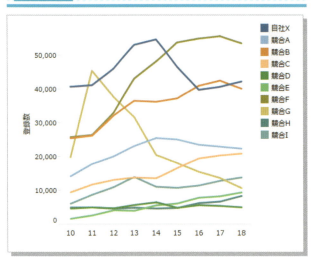

図7-13

After

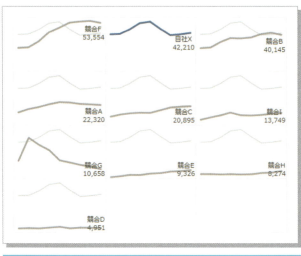

図7-14

課題

折れ線の本数が多く、注目点が分かりづらい

解説

図7-13は本数が多く複雑に絡み合う折れ線グラフで「スパゲッティチャート」や「スパゲッティプロット」などと呼ばれます。

この例では10項目ですが、読み手はどこに着目すればいいのでしょうか？また、項目数が多いと似たような色が増え、誤認を招く可能性も同じく増えてしまいます。

読み手に対し、折れ線の色と凡例を逐次紐づけなければならないという負荷を与えている時点でも効果的なチャートではありません。

今回、作り手・読み手が、最も比較したいのは自社Xと各競合の比較です。

改善案の一つとして図7-14のようなチャートが挙げられます。非常にシンプルですが、個々の競合と自社Xの比較が容易に可能です。図7-14に至るまでの改善ステップを次頁で確認してみましょう。

改善策

比較対象を絞り込んだ折れ線グラフを複数並べる形式に変更する

①折れ線をブランド別に分割したところ、個々のトレンドはわかりやすくなった。しかし、項目数が多く、横に詰まってしまい、過度にトレンドが強調されてしまった。

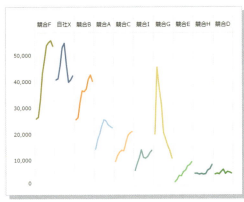
図7-15

②一直線での並びではなく、縦と横の双方に並べる形式に変更。
見やすくはなったが、横並びでなくなったため、基準となるブランドJとの違いがわかりにくくなった。

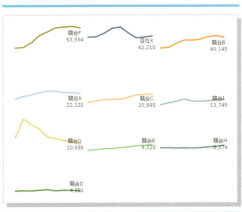
図7-16

③各折れ線グラフに対し、ベンチマークとなる折れ線（ここではブランドJ）を参照用として重ねる。するとトレンドの比較（主）とボリュームの比較（副）が可能となった。

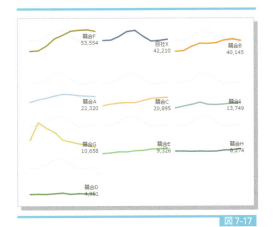
図7-17

④最後に、既にチャート上の各社の色分けの必然性は失われて、色をカットすることができる。色は別の重要な識別要素に有効活用することもできるようになるが、ここでは自社Xを明示するために用いることにする。

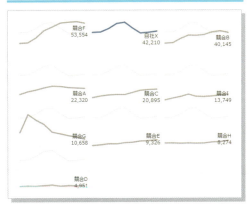
図7-18

7-6 組み合わせで課題解決 – スパゲッティチャート編

BI活用法⑥

Before

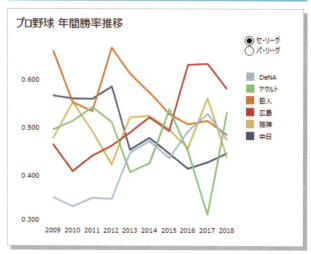

図7-19

After

図7-20

課題

折れ線の本数が多く、色の凡例と折れ線を視線が行き来する

解説

　図7-19はスパゲッティチャートの典型例です。本数が6本と多くは無く、チームカラーと色がある程度連動しているため、プロ野球に関心がある方であれば比較的容易に認識できますが、関心がない場合は線の色がどのチームなのかが直感的には分からないため、折れ線と凡例を視点が行ったり来たりすることになります。

　改善策の図7-20はどうでしょう？直近シーズンの順位表とその順のチームカラーを色の凡例替わりに用いています。この形だと読み手は直近シーズンからその色がどのチームを示しているかが容易に認識でき、そこから過去のトレンドを追うことでスムースに状況を把握できます。

　作成には少し手間がかかることにはなりますが、直近の順位表も表示されており、ユーザビリティを高めつつ情報量を増やすことが可能になるのでおオススメです。

改善策

色の凡例を直近のランキング表と連動させる

7-7 組み合わせで課題解決 － トレンドと量の両立編

BI活用法⑦

Before

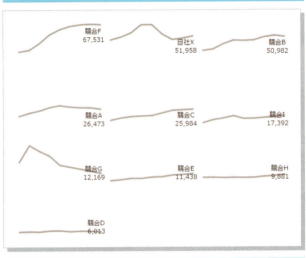

図7-21

After

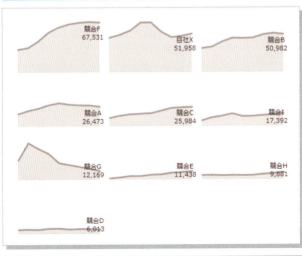

図7-22

課題

トレンドは見えるがボリューム感が掴みづらい

解説

折れ線グラフはトレンドを見ることが主目的で、量的な要素を把握するには適したチャートではありません。

図7-21では最新のデータにラベルがありますが、直感的にボリューム感を把握するのは難しいと思います。

このような時には、折れ線グラフと面グラフを重ね合わせた図7-22のようなチャートが効果的です。通常の面グラフに比べるとトレンドが強調され、通常の折れ線グラフに比べるとボリューム感の把握が容易に可能になります。また、この場合は二軸を同期させておく必要があります。

複合的なチャートですが、見やすさもキープしつつ誤解の余地も少ない好例でオススメです。

改善策

折れ線と面グラフを重ね合わせ、両者のメリットを活用する

7-8 組み合わせで課題解決 – 比率と量の両立編

BI活用法⑧

Before

事業内売上シェア（各事業計=100%）

	九州・沖縄	中国・四国	関西	中部・甲信越	関東	北海道・東北
事業A	16%	9%	25%	19%	20%	10%
事業B	13%	16%	23%	23%	17%	9%
事業C	13%	8%	28%	17%	25%	9%
事業D	8%	14%	31%	19%	20%	8%
事業E	12%	11%	27%	20%	19%	12%
事業F	10%	15%	26%	18%	22%	9%
事業G	9%	13%	23%	20%	24%	11%
事業H	10%	14%	23%	19%	26%	8%
事業I	14%	11%	24%	19%	20%	11%
事業J	10%	12%	25%	16%	24%	13%

図7-23

After

事業内売上構成比（各事業計=100%） ／ 売上シェア（全事業計=100%）

	九州・沖縄	中国・四国	関西	中部・甲信越	関東	北海道・東北	売上シェア
事業A	16%	9%	25%	19%	20%	10%	20.1%
事業B	13%	16%	23%	23%	17%	9%	21.3%
事業C	13%	8%	28%	17%	25%	9%	7.9%
事業D	8%	14%	31%	19%	20%	8%	10.0%
事業E	12%	11%	27%	20%	19%	12%	4.8%
事業F	10%	15%	26%	18%	22%	9%	2.7%
事業G	9%	13%	23%	20%	24%	11%	0.9%
事業H	10%	14%	23%	19%	26%	8%	3.0%
事業I	14%	11%	24%	19%	20%	11%	9.5%
事業J	10%	12%	25%	16%	24%	13%	19.9%

図7-24

課題

比率の視覚化はできているが、母数となる量の比較ができない

解説

図7-23は、各事業における売上の地域シェアを100%積上げ横棒グラフで視覚化したものです。

100%積上げ棒グラフでは頻繁に発生する課題ですが、相対的にビジネスインパクトの小さい売上規模の事業で特異なシェアが生じていても、その売上規模が視覚化されていないためにその特異性が過度に強調されてしまうことがあります。そのような場合には、ビジネス上において意味合いの薄い議論に時間を使ってしまうことが起こりがちです。

BIツールでは、複数のチャートを組み合わせて連動させることも容易です。図7-24のように、100%積上げ棒グラフと棒グラフを両方活用することによって、課題を解消させることができます。無駄な議論や検討の時間を抑制し、価値のある分析に時間を使うことができます。

改善策

積上げ棒グラフと棒グラフの併用により、比率と量の両方を視覚化する

Before

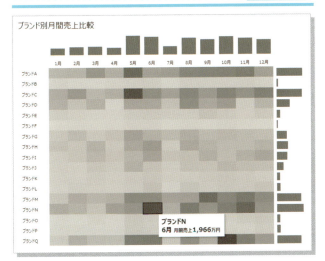

図7-25

After

図7-26

課題

総計のボリューム感がつかみづらい

解説

この例は前頁の応用的な事例です。

ハイライトテーブルの場合、テーブル内のボリュームは色で視覚化可能です。しかし、図7-25のように表の中はボリューム感が把握できますが、各ブランドや各月について相対的に量が多いのか少ないのか、という一歩マクロな情報のボリューム感が見づらい状況です。

図7-25では、総計の数値である程度は理解できますが、ブランド数も月数も多く直感的な把握が難しい状況です。

図7-26のように、3つのチャートを連携することで、縦軸と横軸のボリューム感も同時にグラフィカルに表現することが可能です。

直感的な状況把握を促すために無駄な情報を減らし、数値をポップアップする形にすれば、どこが多いか少ないかという探索的な分析アプローチに対して読み手の負荷を抑えた視覚化が可能です。

改善策

ハイライトテーブルと棒グラフの併用で、各軸のボリューム感も同時に視覚化する

7-9 ダッシュボードもKISSの法則

BI活用法⑨

Before

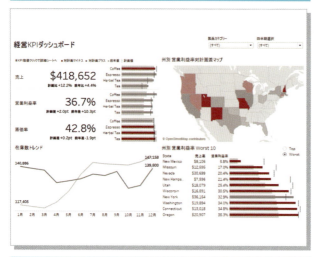

図7-27

After

図7-28

課題

シンプルではあるが、情報量が少なくない

解説

最後はKPIダッシュボードの事例です。

図7-27はそれなりにシンプルには作成しているものの、情報量は少なくありません。多くの情報を見た事実は残っても肝心の中身が脳に残らない、ということが起こりがちです。情報はストーリーと紐づけてこそ記憶に残りやすくなります。

今回『経営ダッシュボード』のユーザーは経営層を想定します。多忙な読み手に対して、最重要指標である3つのKPIを強調する事実報告型に特化したものが図7-28です。累計値と月間トレンドのみに絞り、「なぜ？」に対する仮説探索や検証は別ページに遷移して深掘りしていく、というアプローチをとるような構成にしました。主要3指標の状況をすぐ確認でき、社内デジタルサイネージでも有効な見せ方です。

ビジネスダッシュボードはKISS (Keep it simple, stupid)の法則で可能な限りシンプルに仕上げましょう。

改善策

1枚のダッシュボードに掲示する情報を可能な限り削減する

修正の軌跡① データビジュアライゼーションの基本知識が身に付いていなかった2014年8月に作成したダッシュボード

図7-29

修正の軌跡② フォント、色、レイアウトを微調整し、2017年4月のTableau Conference Tokyo登壇時に公開したダッシュボード

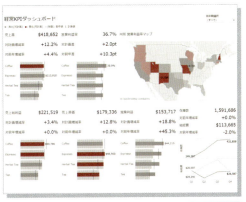

図7-30

修正の軌跡③ コンテンツを少し減らし、フォントサイズによる強弱も強めて、同年月（2017年4月）に修正したダッシュボード

図7-31

修正の軌跡④ 2019年4月にさらにコンテンツを絞り、極めてシンプルに効率・効果を重視して作成したダッシュボード

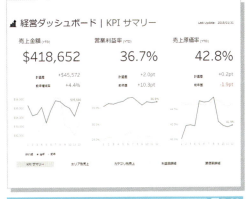

図7-32

おわりに

　著者である藤と渡部は、日々クライアント企業のデータ活用の取り組みを支援している実務家です。

　このたび、欧米と比較して著しく認知度が低く適用が遅れている「データビジュアライゼーション」という領域において、洋書の翻訳ではなく日本語で体系的にまとめ上げた書籍を刊行することこそが、日本のデータ活用レベルの底上げにつながると信じ、初めての執筆活動に取り組みました。

　『データビジュアライゼーションの教科書』というタイトルに相応しい内容になっていると言い切るのは畏れ多いですが、読者の皆さんがデータビジュアライゼーションのセオリーを理解し、実務に適用する一助となれば幸いです。

謝　辞

　Tableau Japan社長の佐藤豊さん、Tableauユーザー会初代会長の前田周輝さんからは、5年以上前からデータビジュアライゼーションの関連書籍やその事例をご紹介いただくなど、我々がこの領域の重要性に気付くきっかけを与えていただきました。

　また、本書の査読者として、阿部慎也さん、遠藤公護さん、小野泰輔さん、木田和廣さん、小海老澤一樹さん、澤村章雄さん、清水隆介さん、田中香織さん、林周作さん、ボーニャッヒさん、向井直子さん、六車俊博さんからは非常に有益なフィードバックをいただき、内容を洗練することができました。

　筆者の所属組織である株式会社truestar及び株式会社NTTデータの関係者の皆様からは、常日頃から支援いただくとともに大きな刺激を受けています。

　皆様から長きにわたりご支援いただきましたことに、この場を借りて御礼申し上げます。本当にありがとうございました。

　最後に、執筆活動を温かく見守ってくれた妻と三人の子供達（藤・渡部とも、たまたま同じ家族構成）に心から感謝します。

2019年4月

藤　俊久仁、渡部　良一

著者紹介

藤　俊久仁（ふじ　としくに）

株式会社 truestar マネージングディレクター
truestar activation 株式会社 代表取締役社長
2002年東京工業大学理学部卒。
マーケティングコンサルタント、スポーツアパレルのマーチャンダイザーを経て、2011年から株式会社 truestar に加わり、データ分析や戦略コンサルティング業務に従事。2013年から BI 実装や導入支援などのソリューション事業を本格展開。現在はコンサルティング事業全般を統括。2015年には BI 実装支援を専門的に手掛ける子会社 truestar activation を設立し代表を兼務。

渡部　良一（わたなべ　りょういち）

株式会社 NTT データ コンサルティング＆マーケティング事業部 ソリューションコンサルティング統括部 課長
2004年 早稲田大学 社会科学部卒。
同年に NTT データに入社し、10年以上にわたり一貫して企業におけるデータ活用の取組を支援。
2011年-2012年には北米拠点に赴任し現地企業への BI 導入に従事。現在は、日本における Tableau の第一人者として、グローバル企業の BI/DWH システムおよびデータ活用の構想策定・導入・定着化コンサルティングを担当。

参考文献

Alberto Cairo 著　『The Truthful Art: Data, Charts, and Maps for Communication』（New Riders、2016年）
Andy Kirk 著　『Data Visualization: a successful design process』（PACKT Publishing、2012年）
Decisive Data 著　『Art + Data: A Collection of Tableau Dashboards』（Decisive Data、2016年）
Edward R. Tufte 著　『The Visual Display of Quantitative Information』（Graphics Press、2001年）
Noah iliinsky, Julie Steele 著　『Designing Data Visualizations』（O'REILLY、2011年）
Stephen Few 著　『Show Me the Numbers: Designing Tables and Graphs to Enlighten』（Analytics Press、2012年）
Stephen Few 著　『Information Dashboard Design: Displaying data for at-a-glance monitoring』（Analytics Press、2013年）
Steve Wexler, Jeffrey Shaffer, Andy Cotgreave 著　『The Big Book of Dashboards: Visualizing Your Data Using Real-World Business Scenarios』（Wiley、2017年）
Scott Berinato 著　『GOOD CHARTS』（HBR Press、2016年）
コール・ヌッスバウマー・ナフリック著　『Google 流資料作成術』（日本実業出版社、2017年、原題『Storytelling with Data: A Data Visualization Guide for Business Professionals』）
ドナ・ウォン著　『ウォールストリート・ジャーナル式図解表現のルール』（かんき出版、2011年、原題『The Wall Street Journal Guide to Information Graphics』）
桐山 岳寛著　『説明がなくても伝わる 図解の教科書』（かんき出版、2017年）
森重 湧太著　『一生使える 見やすい資料のデザイン入門』（インプレス、2016年）

データビジュアライゼーションの
教科書

発行日	2019年 6月 5日	第1版第1刷
	2025年 3月14日	第1版第6刷

著 者　藤　俊久仁／渡部　良一
　　　　ふじ　としくに　　わたなべ　りょういち

発行者　斉藤　和邦
発行所　株式会社　秀和システム
　　　　〒135-0016
　　　　東京都江東区東陽2-4-2　新宮ビル2F
　　　　Tel 03-6264-3105（販売）Fax 03-6264-3094
印刷所　株式会社シナノ

©2019 Toshikuni Fuji, Ryoichi Watanabe　Printed in Japan
ISBN978-4-7980-5348-6 C3055

定価はカバーに表示してあります。
乱丁本・落丁本はお取りかえいたします。
本書に関するご質問については、ご質問の内容と住所、氏名、
電話番号を明記のうえ、当社編集部宛FAXまたは書面にてお送
りください。お電話によるご質問は受け付けておりませんので
あらかじめご了承ください。